水生态之花在羊城绽放

——碧道规划设计理念与实践

资惠宇　范京　林林 ◎ 编著

中国商务出版社

图书在版编目（CIP）数据

水生态之花在羊城绽放：碧道规划设计理念与实践／资惠宇，范京，林林编著． — 北京：中国商务出版社，2023.5

ISBN 978 – 7 – 5103 – 4638 – 5

Ⅰ．①水… Ⅱ．①资… ②范… ③林… Ⅲ．①理水（园林）– 景观设计 – 广州 Ⅳ．①TU986.43

中国国家版本馆 CIP 数据核字（2023）第 025657 号

水生态之花在羊城绽放：碧道规划设计理念与实践
SHUISHENGTAI ZHI HUA ZAI YANGCHENG ZHANFANG：BIDAO GUIHUA SHEJI LINIAN YU SHIJIAN

资惠宇　范京　林林　编著

出　　版：中国商务出版社
地　　址：北京市东城区安外东后巷 28 号　　邮编：100710
责任部门：发展事业部（010 – 64218072）
责任编辑：陈红雷
直销客服：010 – 64515210
总 发 行：中国商务出版社发行部（010 – 64208388　64515150）
网购零售：中国商务出版社淘宝店（010 – 64286917）
网　　址：http：//www.cctpress.com
网　　店：https：//shop595663922.taobao.com
邮　　箱：295402859@qq.com
排　　版：北京墨知缘文化传媒有限公司
印　　刷：北京荣泰印刷有限公司
开　　本：710 毫米 ×1000 毫米　　1/16
印　　张：17.25　　　　　　　　字　　数：230 千字
版　　次：2023 年 5 月第 1 版　　印　　次：2023 年 5 月第 1 次印刷
书　　号：ISBN 978 – 7 – 5103 – 4638 – 5
定　　价：88.00 元

编委会

前　言

广州自古依水而生、因水而兴，形成"六脉皆通海、青山半入城"的历史山水格局，水是广州的立城之本、营城之源。2018 年 10 月，习近平总书记在广东考察时指出，广东水污染问题比较突出，要下决心治理好；要全面消除城市黑臭水体，给老百姓营造水清岸绿、鱼翔浅底的自然生态。为贯彻落实习近平新时代中国特色社会主义思想和习近平总书记视察广州时提出的"老城市新活力"和"四个出新出彩"重要指示精神，广州市结合实际，围绕"理想水生活"，积极响应广东省委省政府部署，高标准打造千里碧道。

广州千里碧道是基于流域尺度的超大城市"城市综合治理"，以水为纽带，以江、河、湖、库及河口岸边带为载体，统筹生态、安全、文化、景观和休闲功能的复合型廊道，其主要包括水资源保障、水环境治理、水安全提升、水生态保护与修复、景观与游憩系统构建、共建生态活力滨水经济带等"5 + 1"工作内容，其从流域视角开展"水、产、城"整体谋划，破除传统城市空间关系割裂，资源利用受限、缺乏长期谋划等问题，统筹山水林田湖海，统筹全市防洪防涝防风防地质灾害工作，巩固黑臭水体治理成效，改善流域生态环境，实现空间综合利用，带动产业转型升级，激活片区多元价值，形成"水道、风道、鱼道、鸟道、游道、漫步道、缓跑道、骑行道"八道合一和"滨水经济带、文化带、景观带"三带并行的"八道三带"空间范式，将治水与治岸、治产、治城联动规划，谋求城市水岸发展的内生动力，实现河湖长治久清和城市长效治理。

至 2025 年，广州全市将建成碧道 1506 公里；至 2035 年，全市建成碧道 2000 公里，绘就"千里碧道，最美广州"，实现河湖水质全面提升，水生态环境持续向好，营造开放多元的滨水岸线，推动全市九大流域高质量发展，为老百姓打造"清水绿岸、鱼翔浅底、水草丰美、白鹭成群"的美好生态环境，彰显依山、沿江、滨海的美丽城市风貌，营造具有独特魅力和发展活力的国际大都市生态氛围。

目 录

 广州水系情况

第一节　广州市水系现状 ………………………………………… 1

第二节　广州治水现实问题 ……………………………………… 7

一、水资源利用效率有待进一步提高，配置格局有待进一步优化 ……… 7

二、全市防洪工程体系已基本形成，但应对极端天气仍存短板 ……… 8

三、主要江河水环境持续向好，但部分指标仍存在不稳定情况 ……… 10

四、自然生态资源得天独厚，但生境条件不容乐观 ……………… 11

五、滨水地区驳岸形式和功能单一，空间品质不高 ……………… 12

第三节　广州治水创新思路 ……………………………………… 14

一、依法治理全民治理，构建治水共同体 ………………………… 14

二、落实水务基础设施建设，夯实工程治理 ……………………… 16

三、助力生态系统自我修复，探索协同治理 ……………………… 18

四、碧道缝合城市功能，统筹综合治理 …………………………… 20

国内外碧道相关概念与实践

第一节　相关概念 ························· 22

一、概述 ························· 22

二、国外理念 ························· 22

三、国内研究 ························· 24

第二节　相关实践 ························· 25

一、国外实践 ························· 25

二、国内实践 ························· 32

碧道内涵与特征

第一节　碧道河流水系价值再认识 ························· 35

一、生态价值：山水林田湖草生命共同体 ························· 35

二、经济价值：城市经济活动的聚集带 ························· 36

三、人文价值：历史文化演变的展示窗口 ························· 37

四、景观价值：城市更新与产业专项的重要触媒 ························· 37

五、游憩价值：连续的线性户外公共活动空间 ························· 38

第二节　碧道来源与辨析 ························· 38

一、建设人民生活的好去处 ························· 39

二、推动区域高质量发展 ························· 39

三、实现水岸综合治理 ························· 41

第三节　碧道定义与内涵 ························· 42

一、广东万里碧道内涵：三道一带 ………………………… 42

二、广州碧道内涵延伸：八道三带 ………………………… 44

三、广州碧道目标：河畅、水清、岸绿、景美，千里长卷，最美广州 … 45

四、广州碧道建设基础 ……………………………………… 46

第四节　碧道类型体系 …………………………………… 48

一、都市型碧道 ……………………………………………… 48

二、城镇型碧道 ……………………………………………… 48

三、乡野型碧道 ……………………………………………… 49

四、自然生态型碧道 ………………………………………… 49

第五节　碧道空间体系 …………………………………… 50

第四章　碧道规划设计方法

第一节　碧道规划设计原则 ……………………………… 52

第二节　碧道规划设计内容 ……………………………… 53

一、水资源保障 ……………………………………………… 54

二、水安全提升 ……………………………………………… 56

三、水环境改善 ……………………………………………… 62

四、水生态保护与修复 ……………………………………… 66

五、景观与游憩系统构建 …………………………………… 69

六、推进高质量滨水经济带 ………………………………… 77

第三节　碧道布局选线方法 ……………………………… 80

一、总体布局选线原则 ……………………………………… 80

二、碧道布局选线的九类评价要素 ………………………… 81

三、分步实施的碧道布局选线方法 ································ 83

第四节　碧道设计核心模块 ································ 87

一、堤岸护坡：柔化岸水过渡带 ································ 88

二、游径空间：实现全面贯通 ································ 99

三、绿化配置：丰富滨水景观 ································ 112

四、海绵设施：建设弹性水岸 ································ 116

五、动植生境：修复完整生态链 ································ 123

六、多元场地：满足多样活动需求 ································ 141

七、碧道风廊：引风入城 ································ 146

八、文化设施：弘扬地方文化 ································ 149

九、服务设施：完善服务配套 ································ 150

十、沿街界面：统一沿线风貌 ································ 156

第五章　广州碧道规划设计体系构建

第一节　广州碧道的顶层设计 ································ 160

一、流域尺度、水陆联动：依托天然河涌水系推动城市空间治理 ····· 160

二、机制创新、部门协同：确保流域空间治理目标实现 ············· 162

第二节　广州碧道的创新内容 ································ 163

一、三个核心转变 ································ 164

二、"多廊＋多点"广州碧道水鸟走廊 ································ 165

三、珠江鱼道，恢复鱼类洄游生态圈 ································ 175

四、碧道风廊道，降低空气污染、缓解城市热岛效应 ················ 180

五、保护与修复江心岛、建设珠江碧道生态岛链 ················ 181

六、蓝线上的公共服务综合带 ·············· 182

七、珠江碧道水上运动产业带 ·············· 186

第三节 广州碧道的空间格局 ·············· 190

一、三大片区 ·············· 191

二、珠江碧道——广州新六脉 ·············· 191

三、总体空间布局 ·············· 195

第四节 广州碧道的实施路径 ·············· 197

一、碧道十条、分类分级：引导因地制宜的流域空间治理 ·············· 197

二、多向借力、共同缔造：拓展全方位的市场和公众参与 ·············· 201

第六章 **广州碧道建设实践**

第一节 碧道＋黑臭治理：天河区猎德涌碧道 ·············· 205

一、综合治理实现水生态功能修复 ·············· 205

二、下功夫以"碧道＋"打造河湖治理升级版 ·············· 206

三、彰显文化特色，映射治水成果 ·············· 207

第二节 碧道＋堤防达标：南沙区凫洲水道碧道 ·············· 209

一、从"堤防围城"到"水城融合" ·············· 209

二、多功能生态海堤架构助力海边漫步 ·············· 209

第三节 碧道＋生态修复：海珠区海珠湿地碧道 ·············· 211

一、湿地在城央，广州的"绿心" ·············· 211

二、实现超大城市的生物多样性提升 ·············· 212

三、广州城市生态会客厅 ·············· 217

第四节 碧道＋文化传承：黄埔区长洲岛碧道 ·············· 218

一、云光珠水岛，长洲慢时光 ·········· 218

二、推陈出新盘活红色"软实力" ·········· 218

第五节 碧道＋全民运动：海珠区阅江路碧道 ·········· 224

一、清波摇碧影，城央缤FUN PARK ·········· 224

二、构建城央风景游憩带 ·········· 224

三、挖掘碧道生态活力，推动产城融合发展 ·········· 232

第六节 碧道＋乡村振兴：从化区鸭洞河碧道 ·········· 233

一、鸭洞河山水资源极佳 ·········· 233

二、以碧道为纽带统筹环境综合系统治理 ·········· 234

三、筑巢引凤助力乡村振兴 ·········· 237

第七节 碧道＋城市更新：荔湾区聚龙湾碧道 ·········· 241

一、聚龙湾老城区迎来新契机 ·········· 241

二、三大策略打造世界级滨水空间 ·········· 243

三、以轴带面，构建全周期全要素发展平台 ·········· 246

第八节 碧道＋水上运动：南沙区蕉门河碧道 ·········· 248

一、蕉门河环境提升初见成果 ·········· 248

二、"5＋1"模式打造省级试点碧道 ·········· 249

三、碧道助力水上运动悄然兴起 ·········· 252

第九节 碧道＋幸福河湖：黄埔区南岗河碧道 ·········· 255

一、南岗河是岭南水系的缩影 ·········· 255

二、碧道功能彰显，以水兴城产城融合 ·········· 256

三、七大策略全面推进南岗河幸福河湖建设 ·········· 258

参考文献 ·········· 262

第一章　广州水系情况

第一节　广州市水系现状

广州三面环山，一面临海，属典型河网三角洲地貌。"六脉皆通海，青城入半山"，这句广州人耳熟能详的话，概括了广州以山为屏、以水为脉的总体山水格局。纵横交错的河涌、繁华拥挤的港口，自宋代起，广州就被打上了"水城"的烙印，在云山珠水格局之中，广州城被密布交织的水网包裹着，形成"一江两片、北树南网、水网密布，点（湖泊）、线（江河）、面（海域）结合"的水系结构，人因水而聚，城因人而兴，水与城休戚与共。

一江两片的历史水系主脉。广州城沿江发展已两千余年，形成珠江"一江领乾坤"的发展模式。"一江"指东西向穿过中心城区的珠江前航道，形成展现广州水城魅力的特色区段；"两片"指以珠江前航道为界形成的南片、北片两个片区，借水之源，珠江起着统领城市绿水系统的关键作用。

北树南网的水网结构。广州市境内水系资源丰富，水体形态多样，河流水系发达，河流主要归属珠江三角洲水系，仅花都区的迎咀河和从化区的潖二河属北江水系。"北树"指北片的山区丘陵水系树状结构，流域边界明显，主要河流有流溪河、白坭河、增江；"南网"指南片的平原感潮水系网状结构，主要为西、北江下游水道和珠江广州河道汇流交织而成的河网，大小水道、河涌纵横交错，水网密布，流域边界不明显，主要水道包括珠江广州河道、陈村水道、市桥水道、沙湾水道和虎门、蕉门、洪奇沥三大入海口门等。

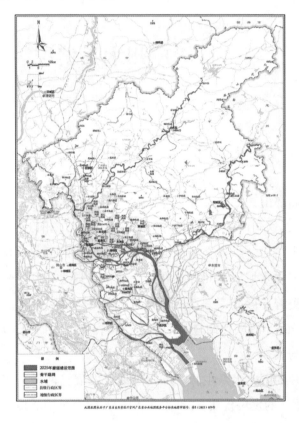

图 1-1　水系分布图

　　水网密布的天然基底。全市共有河流、河涌 1718 条，主干河长 5911.5 千米。其中 30 条为骨干河流，总长 775 千米，主要有珠江广州河道、流溪河、白坭河、芦苞涌、增江、西福河、东江北干流以及虎门、蕉门、洪奇沥三大入海口门等；1338 条为城市内河涌，总长 4317 千米。其中集水面积在 100 平方千米以上的河流有 22 条，老八区共有主要河涌 231 条。因广州多降水，河流大多属感潮河道，汛期既受来自流溪河、北江及西江的洪水影响，又受东江洪水的顶托，更受到来自伶仃洋的潮汐影响，洪潮混杂，流态复杂。特别是海珠区和荔湾区的河涌，纵横交错，自成河网，多数河涌两头与珠江相连，水流可双向流动，更增加了流态的复杂性。

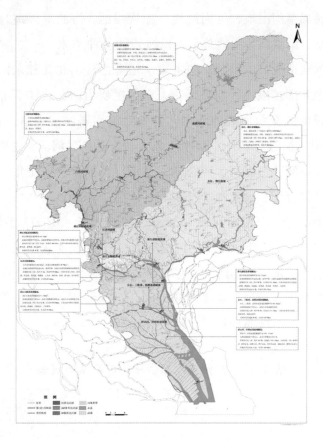

图 1-2　流域分布图

点线面结合的水体结构。广州市点状水库湖泊众多，点缀在线性河流之中，起到雨洪调蓄的重要作用，最终纵横交错的点与线从虎门、蕉门、洪奇沥三个出海口注入南海，理水成海，海纳百川。具体而言，全市点状水库 297 座，总库容 11.1 亿 m³。全市点状湖泊主要有东山湖、荔湾湖、麓湖、流花湖、白云湖、海珠湖、花都湖、荔湖、金山湖、大学城中心湖、黄埔凤凰湖、云岭湖等 12 宗，总水面积约 684.4 万平方米，其中，主要人工湖 6 宗（东山湖、荔湾湖、麓湖、流花湖、白云湖、海珠湖）。另外，全市已建的雨洪调蓄湿地有天河大观湿地、花都湿地、海珠湿地、番禺草河湿地、贝岗湿地、赤坎湿地、海鸥岛湿地、南沙滨海湿地等 8 宗，雨洪调蓄湿地总水面积约 7700 万平方米。

骨干河流情况。广州市外围主要水道有西江、北江和东江。境内河流众多，东北部多以山区河流为主，南部主要为西、北江下游水道和珠江广州河道汇流交织而成的河网。骨干河流均属珠江水系，共有 30 条（段），干流总长 775 千米，其中 11 条（段）为跨区河段，主要有珠江广州河道、流溪河、白坭河、芦苞涌、增江、西福河、东江北干流以及虎门、蕉门、洪奇沥三大入海口门等。

内河涌情况。全市内河涌 1338 条，干流总长 4316.77 千米。其中，流域面积在 100 平方千米以上的河涌有 16 条，河长 452 千米（境内流域面积 100 平方千米以上的河流共有 22 条，其中流溪河、白坭河、新街河、增江、芦苞涌、西南涌 6 条纳入 30 条骨干河流统计，其他 16 条计入区管内河涌）。其余 1322 条内河涌，河长共计 3864.77 千米。

表 1-1　广州市水系骨干河流基本情况表

序号	河涌名称	行政区	起点位置	终点位置	干流长度（km）	宽度（m）
1	珠江西航道	白云区荔湾区	老鸦岗水文站西面	白鹅潭广场东面	27.96	120~1240
2	珠江前航道	越秀区海珠区荔湾区黄埔区天河区	海珠岛洲头咀西侧	珠江涌水闸南面	30.62	50~1060

序号	河涌名称	行政区	起点位置	终点位置	干流长度（km）	宽度（m）
3	珠江后航道	海珠区 荔湾区 番禺区 黄埔区	洲头咀公园西侧	黄埔水文站南面	42.49	180～740
4	珠江黄埔航道	番禺区 黄埔区	黄埔水文站北面	大盛水文站北面	19.39	1000～1600
5	芦苞涌	花都区	范湖大桥	象岭大桥	11.97	200～1300
6	西南涌	花都区	象岭大桥	广和大桥	2.79	90～800
7	白坭河	白云区 花都区	白坭村九曲河与国泰水交汇处	老鸦岗站	38.89	150～600
8	平洲水道	荔湾区 番禺区	花地河南闸	珠江后航道	7.13	210～480
9	大石水道	番禺区	东新高速桥	大石大桥	6.06	160～300
10	三支香水道	番禺区	洛溪村	新基水闸	11.08	130～570
11	陈村水道	番禺区	西码头水闸	紫坭杨家涌水闸	17.58	110～330
12	顺德水道	番禺区 南沙区	番禺东乡水厂取水口	东新高速高架桥	6.98	400
13	沙湾水道	番禺区 南沙区	紫坭杨家涌水闸	莲花山水道	27.50	320～840
14	李家沙水道	南沙区	张松上闸	民生水闸	8.34	190～700
15	上横沥水道	南沙区	义沙围沙头顶	长沙北闸	12.66	220～500
16	下横沥水道	南沙区	义沙围沙头顶	二涌东闸	12.42	290～560

序号	河涌名称	行政区	起点位置	终点位置	干流长度（km）	宽度（m）
17	榄核河	南沙区	磨碟头水闸	雁沙村	15.40	100~240
18	西樵水道	南沙区	大坳口水闸	万洲大桥	8.33	110~390
19	骝岗水道	南沙区	南边月闸	万洲大桥	17.28	100~220
20	洪奇沥	南沙区	板尾站	二十一涌西出口	65.63	190~1700
21	蕉门水道	南沙区	大涌口水闸	十九涌东出口	44.83	120~1450
22	莲花山水道	番禺区南沙区	九窖涌闸	沙仔东水闸	19.75	410~1200
23	小虎沥	南沙区	沙公堡村	小虎村	9.35	170~500
24	沙仔沥	南沙区	沙仔岛尖	沙仔岛尾	5.06	300~450
25	虎门水道	番禺区南沙区	大盛站	虎门口	42.80	1600~3850
26	凫洲水道	南沙区	凫洲大桥	乌洲岛	8.83	1200~3200
27	东江北干流	增城区黄埔区	广深铁路石龙桥	大盛站	52.54	290~1500
28	新街河	白云区花都区	新华街莲塘村	白坭河巴江大桥上300米	9.46	50~100
29	流溪河	花都区白云区从化区	吕田镇桂峰山	老鸦岗站上500米	122.99	70~300
30	增江	增城区	正果镇浪拨闸站	新家埔站	66	20~500
合计					772.11	

第二节 广州治水现实问题

广州河网水系发达，治水工作一直是城市建设的重点。一方面，由于历史原因，老旧城区基础设施结构性缺失太多，想在短期内完成改造非常困难；另一方面，广州市域面积 7434 平方千米，常住人口超过 1500 万人。人口的急剧增加和聚集、工业化和经济的不断发展、城市规模不断增大，造成生存环境恶化、资源短缺，水生态环境破坏，水污染问题突出。治水工作中面临的主要现实问题有以下几点。

一、水资源利用效率有待进一步提高，配置格局有待进一步优化

从水资源本底来看，广州市多年平均地表水蒸发量为 1128.4 毫米，合 81.5 亿立方米，占全市多年平均降水量 134.1 亿立方米的 60.8%。年降水量的区域分布总体上呈现由西北向东南逐渐递减的趋势。东南部三角洲平原区年降水量的区域性变化比较平缓，西北部山区年降水量的区域性变化较大。从行政分区来看，位于北部的从化区多年平均年降水量最大，增城区次之，位于南部的番禺区最小，最小年降水量与最大年降水量相差 560.9 毫米，最大年降水量与最小年降水量比值为 1.36，年降水差异十分明显。1980—2000 年平均年降水量大于 1956—1979 年平均年降水量。广州市年降水天数一般为 150～180 天。从降水的季节分配上看，夏季最多，占全年降水量的 46%；其次是春季，占 33%；秋季占 13%；冬季最少，占 8%；连续最大四个月降水量约占全年降水量的 60%。

以 2018 年全市水资源利用情况统计为例。2018 年全市水资源总量为 74.76 亿立方米，折合径流深 1035.1 毫米，全年产水系数为 0.57；全市

地表水水资源量73.75亿立方米，折合地表径流深1021.2毫米，较上年和常年分别偏小3.5%和6.4%。从邻市流入我市的总入境水量为1161.55亿立方米，出境水量为1220.35亿立方米，入海水量为1216.62亿立方米；全市地下水资源量为14.53亿立方米（未统计中深层地下水），其中地下水资源量最大的是从化区，为3.75亿立方米，其次是增城区，为3.31亿立方米，最少的是番禺区，为0.95亿立方米。

2018年全市供水量为64.39亿立方米，全市以地表水源供水为主，占总供水量的99.3%，地下水源仅占0.7%。在地表水供水量中，蓄水工程供水占3.5%，引水工程供水占13.4%，提水工程供水占78.6%，东江调水占4.5%。

2018年全市总用水量为64.39亿立方米（包含火电直流冷却水）。其中农业用水10.95亿立方米，占总用水量的17%；工业用水34.79亿立方米，占总用水量54%，其中火电用水21.13亿立方米，一般工业用水13.66亿立方米，分别占总用水量的32.8%和21.2%；居民生活用水10.48亿立方米，占总用水量的16.3%；城镇公共用水7.22亿立方米，占总用水量的11.2%；生态环境用水0.95亿立方米，占总用水量的1.5%。

随着经济的发展和水资源开发程度的加深，广州市城市生活和生产等用水量大幅增加，从水量上看，虽然当地水资源总量丰富，但当地水资源可利用量不能满足未来的用水要求。现状供水能力即使考虑水质不合格水源的供水能力，对于基本方案的用水也不能满足，若考虑规划水平年的水质改善，则供水压力更大。因此，提高水资源利用率、优化水资源配置格局、加快供水工程建设是必要而紧迫的。

二、全市防洪工程体系已基本形成，但应对极端天气仍存短板

现状堤围情况总体达标，但仍存在薄弱环节。经过多年的防洪体系

建设，全市主要江河湖泊基本建成具有防御一定洪水能力的防洪体系，境内 30 条骨干河流按江海堤防统计。全市堤围长 1521 千米，50 年一遇以上的堤防长 1165.36 千米。

防洪设计标准 200 年一遇的堤围分布在：后航道、前航道、西航道、沥滘水道、黄埔水道、佛山水道、广佛河、花地河、陈村水道、大石水道、深涌水道、三枝香水道、沙湾水道、市桥水道、莲花山水道、蕉门上横沥、洪奇沥、沙仔沥、狮子洋。防洪设计标准 100 年一遇的堤围分布在：流溪河干流花都区和白云区河段。防洪设计标准 50 年一遇的堤围分布在：流溪河干流从化段；新街河；增江石滩大围、增博大围、附城大围；东江北干流新塘大围、仙村大围；番禺区九如围、三山围、观音沙围、大刀沙围、海鸥围；南沙区大坳围、南沙四六村围、高新沙围、鱼窝头联围、上涌北堤、义沙围、万顷沙围十八涌以南、缸瓦沙围。防洪设计标准 20～50 年一遇的堤围分布在：从化的流溪河一级支流小海河、龙潭河。防洪设计标准 20 年一遇的堤围分布在：珠江的江心岛沉香沙岛、北帝沙、洪圣四沙、大蚝沙、前海心沙、后海心沙、丫髻沙；增城联和排渠红旗围、东江北干家埔围段、派潭河、西福河（局部）二龙河；从化潖江（二）河；白坭河、芦苞涌、新街河（局部）；东江北干流的横滘河。

总体来看，广州市中心城区已整治的河涌堤围总体良好，未整治的河涌水安全问题犹存；从化、增城、花都外围郊区中小河流整治率较低，南沙现状大多地区尚未开发，河涌多保留天然状态，堤岸现状整治率低。未整治河涌和局部外围河涌仍存在滑坡、崩岸、裂缝、漏洞、浪坎、管涌、散浸、跌窝、闸门锈蚀、漏水、变形等隐患，需开展加固消除。因此，进一步提高防洪保安能力，完善流域防洪体系，是水利建设进一步亟待考虑的基础和前提。

堤岸硬质化问题突出，防洪岸线韧性不足。广州作为国家中心城市，城市开发强度大，建设用地存在挤占河道的情况，中心区段和外围城区主城区段堤岸以混凝土直立式为主，尤其是河口区堤岸硬质化明显，硬质堤岸易形成河流生态系统断裂带，不利于水生动植物生存，从而影响鱼类繁衍和栖息。随着生态文明建设的发展，要求堤防在保证防洪安全的基础上，尽可能保持河流的自然面貌，或实施生态化改造，实现由工程性防洪向生态防洪，"水岸防护"到"水岸一体"的转变。

三、主要江河水环境持续向好，但部分指标仍存在不稳定情况

就水质国考断面来看，2019 年，大墩断面水质为Ⅱ～Ⅳ类，东朗断面水质为Ⅲ～劣Ⅴ类，李溪坝断面水质为Ⅱ～Ⅲ类，流溪河山庄断面水质为Ⅱ～Ⅲ类，大坳断面水质为Ⅳ～Ⅴ类，石井河断面水质为Ⅳ～劣Ⅴ类，蕉门断面水质为Ⅱ～Ⅲ类。

2019 年，全市 3 条主要入海河流中，洪奇沥水道入海河口水质为Ⅱ～Ⅲ类，蕉门水道入海河口水质为Ⅱ～Ⅲ类，莲花山水道入海河口水质为Ⅲ～Ⅴ类。

内河涌水环境总体良好，但部分截污未完善区域，水质仍有待改善。北部区域自然环境和水环境较好。东江北干流、增江、流溪河从化段水质优良，基本为Ⅰ～Ⅲ类。中部主城区受人类活动和城市化影响，中部城区河涌水质污染较严重，主要建成区河涌个别存在水质黑臭、水域面积萎缩、生物多样性丧失、城市水景观被破坏等一系列的水生态环境问题。不同区域水生态环境差异性较大，流溪河白云段和白坭河水质较差，中心城区、西北部广佛交界区域水系有机污染严重。近年通过截污治污、河湖连通等综合治理，部分江河水系自净能力逐步提高。南部受潮流量影响，水环境容量及水体自净性能较高，水生态系统和水环境较好，沙湾水道、蕉门水道、洪奇沥水道水质优良，顺德水道全年水质多为Ⅳ类。其中万顷沙围、横沥岛等仍以农业区为主，河涌水质可达到Ⅲ类；其他区域人口密集程度较低，工业废水及生活污水排放量少，多数河涌水质

可达到Ⅳ类；少数流经南沙新区开发区、珠江管理区、黄阁镇、横沥镇、万顷沙镇等人口、产业密集区的河涌段，水质为Ⅴ类或劣Ⅴ类。

生态环境保护压力持续增加，黑臭水体治理任务仍然艰巨。经过多年黑臭水体整治，全市水污染情况得到有效好转，截至 2020 年，全市197 条黑臭水体河涌整治工作已经完成，黑臭水体治理初显成效，但仍有部分未完成阶段整治任务，黑臭水体治理不平衡、不协调的情况突出，部分黑臭水体治理存在污染反弹现象，急需进一步加强整治。

四、自然生态资源得天独厚，但生境条件不容乐观

广州市森林覆盖率41.6%，林木绿化率45.43%，拥有包括近海与海岸湿地、河流湿地、人工湿地等 3 类 11 片湿地，面积 792 平方公里，是国际候鸟迁徙的重要停歇地、繁殖场和越冬地；拥有 7 处自然保护区、4类 102 处自然公园，物种起源古老、种类繁多，海洋资源丰富，海域面积约 400 平方公里，整体水系串联了广州北部山脉和南部入海区域，总体来说广州水资源得天独厚，自然禀赋条件十分优良。但是，受人类活动强度大、生态保护意识薄弱等因素影响，目前全市生态保护压力较大，生态环境质量状况不容乐观。

水生态空间被挤占现象突出。在城市化快速进程中，不合理的开发模式和人类活动造成水源涵养区、河湖滩地等水生态空间遭受严重侵占，导致河湖水沙等循环条件发生显著变化，湖泊及河流萎缩，水生态空间格局遭到挤压和破坏，水生态系统退化，生物多样性逐渐丧失，水体生态系统质量和服务功能不能有效发挥。尤其是珠三角地区城镇化开发强度过大，建设用地大量挤占生态用地，城市边缘区的耕地、湿地、林地等重要生态资源受到严重侵蚀，部分流经城镇的河流、河涌水生态系统近乎消亡。

鱼、鸟的自然生境受到破坏。由于城市化进程加快，人口密集膨胀以及城市建设带来的土地紧缺压力，城市开发强度大，使得水鸟和鱼类

保护地保护压力加大。大面积高密度海水养殖引起富营养化和赤潮频率高，农田不合理施用化肥、农药对湿地造成面源污染，造成水网生态系统退化，制约了保护地生态功能的发挥，导致水鸟破碎生境斑块的增加，使得适宜于水鸟生存的栖息地面积减小，在相当程度上削弱了栖息地保护水鸟的生态功能；而鱼类受水坝的影响，上中下游的鱼类结构处于不连续状态，鱼类与水生态处于恶性循环状态中；如流溪河上游的产卵场所无鱼、缺鱼，下游水质过肥，鱼类资源无法补充，水体自净链断裂。

五、滨水地区驳岸形式和功能单一，空间品质不高

滨水地区是城乡居民主要的活动场所，是最具活力的魅力空间，大量城乡社会经济活动集中在滨水地区。但是，城镇建设用地向水岸蔓延，滨水地区常被建设为工厂、码头、住宅区或城市主干道路等，地面硬质化程度高、城市水面率降低，雨污未分流，城市面源污染直接进入河流，造成河流水体污染严重、水生态环境遭到严重破坏的问题。流经城市河流大多被建成以直立式混凝土为主的堤防驳岸，生态功能差，河流水系的生态系统遭到破坏。城市河涌硬质化、三面光的堤岸形式大量存在，水体水质差，大大削弱了河流生态系统功能。

滨水地区分布大量三旧用地，用地效率低、空间品质不高。由于大量城乡社会经济活动集中在滨水地区，经过多年发展，大量旧村庄、旧城镇、旧厂房等三旧用地分布在滨水地区。沿水系分布的旧厂房多是高污染、高能耗、资本和技术密集度低的产业或是港口码头、物流仓储用地，造成水体污染、滨水环境恶化、水岸空间被侵占等问题，极大地降低了滨水的整体空间品质。三旧改造为提升滨水空间的品质提供了契机，在碧道建设的同时也为三旧改造提供了机遇，应将碧道建设与三旧改造结合，推进滨水地区的更新改造，为城乡居民提供宜居宜业宜游的高品质滨水空间。

滨水地区连续贯通性不足，可达性和可游性有待加强。广州地处亚

热带沿海，北回归线从中南部穿过，属海洋性亚热带季风气候，以温暖多雨、光热充足、夏季长、霜期短为特征，而沿河流水系形成舒适宜人的通风廊道，加之人喜亲近水体的天然属性，滨水地区往往成为城乡居民休闲游憩的重要场所。尤其是在城市建设密集的地区，水岸是人群日常活动最集中的区域，人们到这里骑行、跑步和休闲。一方面城乡居民对滨水地区的休闲游憩需求高，另一方面滨水地区分布大量工厂、码头等生产岸线以及城市主干道路等，对城乡居民进入、到达滨水地区造成阻隔，造成滨水地区连续贯通性不足、可达性差等问题，目前的滨水空间环境品质不能满足人民日益增长的滨水休闲需求。

滨水地区是城市重要窗口，但利用形式单一、特色不足。珠江新城、国际金融城、国际会展中心、琶洲互联网金融集聚区等城市重大发展平台大多临水而建，滨水地区是展示地方魅力的重要窗口，城市重要地区往往临水分布，城市博物馆、图书馆、青少年活动中心等重要的公共配套设施也主要集中在滨水地区，与滨水公共活动空间相结合。同时，广州市二千多年临水而居，自古以来都是重要的国际通商口岸，滨水区域有大量历史遗迹，如古码头、古水驿等，能充分展示地方的历史魅力。但目前滨水地区的开发利用形式较为单一，以景观或交通功能为主，缺乏互动式、体验式功能置入；标准较为单一，以单一城镇标准建设滨水地区，过度公园化、人工化；滨水各区域空间特色性不足，不能较好反映地方的自然生态、历史文化特色或城市（镇）气质。

第三节　广州治水创新思路

2018 年 5 月 18 日，习近平总书记在全国生态环境保护大会上强调，"要从系统工程和全局角度寻求新的治理之道"，正是这样一个根本性的思路转变，广州将治水重点由"末端"转移到"根源"，改"单一工程"为"多措并举"，通过坚持以习近平生态文明思想为指导，深入贯彻落实习近平总书记视察广州时关于"抓河涌水治理要见实效，治理后要能下去游泳"的重要指示精神，坚持"节水优先、空间均衡、系统治理、两手发力"的新时期治水方针，广州治水工作取得了一系列成效：列入住建部监管的 147 条河涌全部消除黑臭，建成区域全部消除黑臭水体，先后获得"国家黑臭水体治理示范城市""广东省节水型城市""国家节水型城市"称号；广州"智慧排水"被住建部列为"新城建"全国专项试点，《广州市抓源头补短板保生态强机制全面消除城市黑臭水体》治水经验被住建部专刊采用并报中办国办。经过多年的努力，广州已探索出了一条特大型城市治水路子，河长制工作走在全国前列。纵观广州治水经验，创新思路可总结为以下几个方面。

一、依法治理全民治理，构建治水共同体

通过依法治理与全民治理相结合，建立长效管理责任机制，形成"开门治水，人人参与"的新局面。

（1）高度重视依法治理，不断加强法制建设。公布实施排水单元达标通告、水库安全管理办法、水利工程维修办法、排水户分类管理办法、供用水条例等规范性文件，推进《广州市排水管理条例》立法和《广州市流溪河流域保护条例》修正，为排水设施维护、排水许可管理、信

息公开等提供更完备的法律依据。

（2）坚持以河、湖长制为重要抓手开展治水工作。广州市委书记任第一总河长，组织规划、环保、工信、城管、农业农村等多部门及各区合力治水，推动流域协同治水，形成"总河长—流域河长—市级河长—区级河长—镇街级河长—村居级河长—网格长（员）"多级治水体系。健全河长责任、发现问题、解决问题、监督考核、激励问责五大机制。创新推行河湖警长制，把公安机关纳入河湖长制体系，坚决打击涉水违法犯罪行为。建立会商联动机制、信息共享机制，强化协同配合，积极发动公众力量，组织"民间河长""民间小河长"、大学生志愿者等共同参与治水，实行违法排污有奖举报，发动媒体舆论监督治水。联合团市委开展"河小青"公益活动，发动青少年志愿者开展公益巡河活动，引导形成"河长领治、上下同治、部门联治、全民群治、水陆共治"的广州治水新格局。

（3）治水治产治城融合，实现源头治理。以往治水成效不显著的主要原因在于未认识到"问题在水中，根源在岸上"，为从根源处解决治水痛点，需要通过三部曲，实现"源头减污、源头截污、源头雨污分流"。

规划引领，源头减污。重视在城市建设前期规划中就划好生态蓝线、城市绿线，并与基础设施设计科学融合，开展河涌水系规划，让出行洪通道，同时充分考虑海绵城市建设理念，以"源头管控"统筹提升城市应对内涝防控、水生态等问题的韧性及能力。

源头截污、源头雨污分流。结合海绵城市理念，开展排水单元达标创建工作。实现源头雨污分流，源头雨水减量，减轻防洪排涝及截流式合流制系统运行压力。对住宅小区等红线内排水系统雨污错混接、管理不到位的问题，开展全市 2.6 万个排水单元达标攻坚行动，实现排水监管进小区，红线内建立排水单元设施养护"四人"（权属人、管理人、养护人、监管人）到位机制，力争做到"排水用户全接管、污水管网全覆盖、排放污水全进厂"，消除管网错漏混接，做好日常管养；红线外公共排水管网同步完善，确保片区雨水、污水各行其道。

创新"四洗"清源行动。"洗"字，在广东话中是对全面排查、摸查行为的一种形象表达，表示像水洗一样一处都不漏。按照"小切口、大治理"的原则，采用走街串巷、进村入户的方式，广泛发动流域内的群众、志愿者参与，开展"四洗"行动。"洗楼"指对河涌流域范围内的所有建（构）筑物逐户进行地毯式摸查登记，查出各类污染源后进行甄别定性、登记造册，并通过各部门联合执法，实现靶向清除。"洗管"是指对排水管网的属性及运行情况进行调查，判别是否存在结构性和功能性缺陷、运行水位高等问题，并对存在问题进行整改，恢复其正常排水功能。"洗井"是指对排水检查井的属性、接驳状况和淤积情况进行调查，找出存在的错乱接、淤积及排水不畅等问题，采取措施修复，恢复其正常功能。"洗河"是指采用人工、机械等措施，清理河岸、河面以及河底的垃圾和淤泥，使河道整洁有序。2016—2020 年期间，累计"洗楼"约 172 万余栋，"洗管"约 1.6 万千米，"洗井"约 60 万个，"洗河"4209 条次，清理河道垃圾杂物约 16.79 万吨，清理河岸立面约6196.21 万平方米。

以中支涌（珠村段）为例，沿线有 114 幢房屋，存在大小 513 个排污口直排污水，通过一点一点摸、一户一户查、一处一处改，工作人员将这些排污口全部挂管迁改上岸，然后通过城中村截污纳管，将污水全收集接入污水管网，最终成功实现城中村雨污分流，彻底解决了污水直排中支涌问题，让中支涌在短短 3 个多月内发生了巨大变化。

二、落实水务基础设施建设，夯实工程治理

针对管网铺设不到位、污水收集不全面、排水管网存在结构性与功能性缺陷、污水处理能力不足等历史欠账，主要开展了以下三项工程，做到"排水用户全接管、纳污管网全覆盖、排放污水全进厂"。

（1）加快污水处理厂新建和改造工作，增强污水处理能力。截至

2020年，全市共建成城镇污水处理厂62座，设计处理规模达到765.83万吨/日，实现污水处理能力超过日均供水量（约700万吨/日），全市污水处理能力首次超过全市自来水供应总量，跃居全国第二。同时，系统推进污水处理提质增效，围绕进水浓度较低的城市污水处理厂，按照《广州市城镇污水处理提质增效三年行动方案（2019—2021年）（修订版）》，开展"一厂一策"系统化整治工作，提升城市污水处理厂进水污染物浓度，实现城市生活污水集中收集效能显著提高。

（2）夯实污水管网建设管理，实现污水处理提质增效。针对排水管网老旧的情况，部分未接入市政公共污水管网，导致污废水直排河涌造成自然水体污染等问题，2017—2021年五年间，广州建成污水管网1.89万千米，同时，成立市、区排水公司，大力推行排水一体化管理，强化问题排水口整治工作，确保无污水直排河涌，统筹"厂网河一体化"，实现了排水管网的专业化、系统化、协同化管理。截至2020年，市、区排水公司已累计向各业主接收排水管网2.13万千米，完成4.97万处管道隐患整治。同时，首创"排水巡检"APP，开启"智慧治水"，串接各级管理人员、一线巡查和养护人员，采集各类排水设施数据超19万条，为排除管网缺陷提供目标和导向。

（3）以合流渠箱改造为重点，推进清污分流整改。针对雨季污水溢流、内涝频发等问题，通过观察，水利部门认识到合流渠箱多的地区，黑臭水体就多，积水点就多，这并不是巧合，而是雨污合流带来的必然后果。故合流渠箱应该作为清水通道，因为相比雨水管，污水管要充分保证密闭性，河涌无论明渠暗渠都做不到这一点。认识这一点之后，广州市全力推进443条合流渠箱改造工作和排水单元达标工作，推进清污分流整改，减少外水进入污水系统，有效提高现有污水处理能力，提高进厂浓度。让"污水入厂、清水入河"。截至2020年底，全市排水单元雨污分流比例已达68.89%，合流渠箱已有82条改造完成，使合流渠箱只流"天水"（雨水、泉水、河水等），提升污水收集效能。

如天河区珠吉街的合流制区域，一直存在河水倒灌问题。通过在黄村东路等渠箱实施清污分离，对城中村雨污分流整治和商业督办整改，将污水接入污水管网，将合流渠箱还原为雨水通道，减少了河水倒灌进入污水管网。整改后泵站前池水位从 4 米下降到 2.5 米左右，每天进入污水厂的水量减少了 2 万吨。

三、助力生态系统自我修复，探索协同治理

广州市在治水工作中始终秉持集约、节约理念，运用山水林田湖草的系统性思维，重视生态系统的自我修复，通过四项工作，交还自然净化。

（1）开展系统生态保护和修复，为河涌腾出生态空间。除推出"四洗"清源行动以保持河道清洁、帮助河涌修复生态系统外，广州还大力推进河涌两岸违法建设清拆整治，为河涌水域腾出生态空间。"违建不拆、劣水难治"使得河涌两岸建设用地占用、拥堵河网水系，餐饮及生活废水直排入河涌，破坏河涌景观多样性和均匀度，引起河涌空间连通性降低、生态系统破碎化等，造成河涌原有的水生态环境失衡、流域的生态系统结构和功能损坏与退化趋势明显。2016—2020 年五年期间，累计拆除涉水违法建设 1380.58 万平方米，通过拆除河涌两岸的违法建设，实现通道贯通，一方面为河涌恢复自我修复能力腾出生态空间，另一方面让河道两岸既能建设城市休闲空间，也可作为汛期洪涝行泄通道，极大地提升了城市功能与品质。

（2）开创性进行河涌低水位运行，助力水生态原位修复。在完成控源截污后，将河涌水位降低至水深 0.3～0.5 米，并利用污水厂布局优势，将污水厂尾水再生利用补入河涌，促进水体的流动，保持水体持续低水位运行。低水位运行后效果非常显著：一是暴露沿线排口，方便工作人员进行溯源改造；二是提高水体透明度，在河流水动力与光照作用的催化下，河内污染物会进行氧化降解；三是降低管道运行水位，实现

了污水处理系统提质增效的目标;四是可以腾空涌容,降低河涌水位后,可以在汛期大大增加河涌调蓄容量,减少内涝发生,避免高水位状态时河水倒灌排水口、增加流入污水处理厂的污水量。同时结合原位修复技术,如在一些河涌河道两岸撒下草种,进一步丰富河道生态系统物种、推动河道生态系统加速恢复。目前广州有100多条河涌维持低水位运行,均收到良好效果。沙河涌、车陂涌、大陵河等流域在采用了低水位运行的治理措施后成效显著。

(3)少清淤,河底淤泥就地资源化利用。过去,河底淤泥一直被认为是污染物,经常会采取工程措施将淤泥挖除外运处理,这种方法只能治标,清淤不利于恢复河涌生态,而且淤泥处置不当容易造成二次污染。现在,把淤泥平铺在河床底或堆砌在河床两侧,通过降低水位及种植水生植物,一段时间后,河涌内的底泥开始变薄,淤泥内黑臭污染物逐步氧化分解,最终留下河沙,恶臭现象渐渐消失,河涌水生物种开始恢复。通过涌底淤泥就地资源化利用,大大节约了工程投资,降低了工程实施难度,取得了良好的修复效果。如今,广州许多河涌通过少清淤的方式,在不影响河道行洪安全的前提下,修整河床形成各种浅滩区,淤泥见阳光,中间走活水,形成一个个景观优美的河底湿地。

(4)再生水资源化利用,不调水,不盲目对尾水提标。严格按照"水十条"有关要求,在全面截污的前提下,广州市采用附近污水处理厂的尾水进行河道生态基流补给。如猎德涌,以往利用珠江水进行补水,但引调的珠江水透明度不够理想。2020年,在大观净水厂完工并稳定运行后,猎德涌停止了原来的调补水方式,改用大观净水厂的优质再生水对河道进行生态基流补给。同时,不采用简单地通过提高污水处理厂出水标准来提高水质质量,充分发挥河涌自我净化能力,尾水经过河涌、湖泊等生态系统的进一步净化后才排放到环境中,利用自然的力量来提高城市河道水的生态品质,大幅度节约了投资,实现了生态效益、经济效益、社会效益的高度统一。

四、碧道缝合城市功能，统筹综合治理

2019 年以来，按照省委、省政府关于高质量开展万里碧道建设的部署，广州市启动"千里碧道"建设，突出水安全、水环境，截至 2021 年底，已建成碧道 831 千米，海珠湿地碧道、增江碧道、蕉门河碧道被水利部作为"美丽河湖、幸福河湖"的典范在全国广泛宣传。主要经验有三点。

（1）总体系规划设计，高标准形成"广州方案"。印发《广州市碧道建设总体规划（2020—2035 年）》，出台《广州市碧道建设技术指引（试行）》《广州市碧道建设评估办法（试行）》等配套执行文件，启动骨干碧道建设导则编制工作，高标准落实省特色廊道要求。结合自身实际，围绕"理想水生活"目标，统筹山水林田湖海，推动城市高质量发展，营造高质量生活。深化细化广东省万里碧道"三道一带"空间要求，提出"水道、风道、鱼道、鸟道、游道、漫步道、缓跑道、骑行道"八道合一和"滨水经济带、文化带、景观带"三带并行的"八道三带"空间范式，保护珠江生态岛链，建设碧道风廊、水鸟走廊，恢复鱼类洄游生态圈，打造蓝线上的公共服务综合带，实现堤内外、上下游、干支流、左右岸系统治理，形成广东碧道建设的"广州方案"。

按照"一年试点建设、三年大见成效、七年全面建成"的目标要求，规划 2025 年全市建成 1506 千米碧道；到 2035 年，完成 2000 千米碧道的目标。以广州之水为靓丽纽带，焕发云山珠水、吉祥花城的无穷魅力。

（2）多部门协同发力，全方位激活水系价值。广州市将碧道建设作为城市治水的升级版，规划、住建、交通、园林、水务部门协同发力，实现从单纯治水到城市综合治理，还清于水、还水于民、还绿于岸，以水而定、量水而行。统筹山水林田湖海综合治理、系统治理、源头治理，改善流域生态环境、实现空间综合利用、带动产业转型升级、激活片区多元价值。以水为主线，以"河畅、水清、岸绿、景美"为基本要求，

充分挖掘广州河流水系的生态价值、游憩价值、历史人文价值、景观价值和经济价值，通过水资源保障、水安全提升、水环境改善、水生态保护与修复、景观与游憩系统构建，打造"清水绿岸、鱼翔浅底、水草丰美、白鹭成群"的广州千里碧道，实现"千里长卷、最美广州"。将碧道建设打造成为"水生态环境治理的升级版"，在解决城市水问题的同时，推动社会与生态系统的整体协同进化、优美生态环境的共建共治共享。

（3）以水为谋，统领多方力量共同投入。根据碧道所处周边城乡环境特色，形成都市型、城镇型、乡野型、生态型四种碧道类型，积极打造"宜居生活圈、水岸公园带、碧道风景画、河湖生命体"的碧道羊城四境，彰显广州依山、沿江、滨海的自然禀赋，完善宜居宜业宜游城市生活圈，再现岭南水乡田园风貌。在具体建设中，形成"碧道+美丽乡村、特色小镇、创新产业"等多种"碧道+"模式，吸引多方力量共同投入。如将乡村碧道建设纳入农村人居环境整治提升工作，助推69个市级美丽乡村创建，加强滨水绿道建设及沿线旅游资源开发。鼓励国企参与，政企共建碧道3.57千米、碧道驿站1座。以鸭洞河碧道为例，利用生态设计小镇建设契机，率先建立"政府投入+企业养护+村民参与"的三方共治模式，探索乡野型碧道滨水经济带建设。由政府主导实施鸭洞河治理工程，保障乡村河道水安全，在此基础上，后续由生态小镇的运营企业坤银集团实施河道景观微改造提升工程。集中连片规划建设占地120公顷的生态公园，"嵌入式"建设亲水驳岸、生态环桥、湿地栈桥等景观节点。政府做本底、企业做提升的方式，带动盘活了区域内人、财、物等优势资源，也激活了乡村振兴发展新潜能，切实将治水成果转化为民生福祉。

第二章 国内外碧道相关概念与实践

第一节 相关概念

一、概述

传统的河道治理偏侧重单一目标，针对河道治理与修复，对滨水空间进行整合与提升，缺少对水中、水岸、水上三者的系统性考虑。21世纪以来，世界各地的流域治理与河道生态修复已经逐渐从关注单一目标，向注重实现自然生态系统与社会经济系统可持续并存的多元目标转变，碧道建设强调空间统筹水中环境整治、水岸景观提升和水上产业升级与改造，实现水、城、产三者共治的局面。

二、国外理念

目前国外对于碧道相关的河流生态修复及生物多样性保护等方面有一定的研究，为碧道的生态建设研究提供了理论支撑。

（1）美国的生态设计理念。1963年，H. T. 奥德姆（H. T. Odum）等学者提出将"自然设计"生态学理念与工程设计相结合。1968年10月，美国颁布了世界上第一部保护河流景观价值的法律，法律通过划分河流等级，将一些自然完整度高且具有一定文化价值的河流选入国家自然与景观河流体系中,以此保护和协调河流与城市发展间的矛盾。1989 年,William J. Mitsch 等相关学者提出"生态工程"(Ecological Engineering)概念,为"多自然型河道的生态修复技术"的研究奠定理论基础。1998年,美国基于低影响开发理念(LID)在河流流域尺度下的多条河流进行近自然的整体修复工程,并制订了相对应的河流修复计划。2000 年,环保署颁布"水生生物资源生态恢复指导性原则",主要强调生态整体性应是自然拥有适应环境的能力,并随时间的推移,能够自我恢复,水质有自我净化功能等。美国佛罗里达州南部的基西米河(Kissimmee River)以此开展生态修复项目,使河道水质提高,生物多样性得到保护。

(2)德国的"近自然河道治理工程"理念。20 世纪 50 年代,受学者 Seifert 的"近自然河溪治理"理念影响,德国提出了"近自然河道治理工程"的理念,强调河道工程在植物化和生物化的原则下,应该接近自然功能、景观效果及有一定经济效益。20 世纪 70 年代,为了使河道重新恢复到近自然的状态,德国开始计划针对失去生态功能的河道进行全国范围的拆除恢复。1987 年,保护莱茵河国际委员会为了对莱茵河进行生态修复,提出"莱茵河行动计划"(Rhine Action Program)并计划于2000 年使河道水质、鱼类及其他生物、沿岸绿林和湿地最终达到近自然状态,为后来的河道修复提供了宝贵的经验。

(3)日本基于本土资源条件的创新理念——"近自然功法"。20 世纪 70 年代,日本相关部门制定《河川水质标准》,并按标准于日本隅田川治理工程中通过控制污染源和降低污染浓度使隅田川逐渐恢复生态功能。20 世纪 80 年代以来,通过学习西方发达国家的生态治理理念,日本在河道治理方面提出基于本土资源条件的创新理念——"近自然功法"。1990 年,日本相关部门发布《关于"多自然型"河川推进工作》,正式开始全面关注人与自然的关系。"多自然型河川"指在保护河川自然生境的基础上,兼顾自然景观的建设。1997 年,《河川法》的修订提出河川治理应兼顾相邻生境和创造人与自然和谐空间的规定。2002 年,日本对河川治理工作进行评估，创建了"多自然河川"治理模式，明确指出河川分开治理并不能构建整体生态系统的效果，应当对相关水环境进行整体综合治理，关注当地文化历史。

（4）英国的"生物多样性"计划。1994年，英国成立河道修复中心（RRC），提供河道生态修复相关技术与评估等咨询服务，并制订"生物多样性"计划，主要针对"可持续性泛洪区"和"生物多样性"两个部分开展生态修复工作。2002年，环境食品署和农村事务署联合发布了"河流修复指南"，指出部分河流应当留有滞洪区与流域湿地。2003年，政府多部门发表联合声明，强调应加强对土地保护、湿地资源的管理工作。

三、国内研究

20世纪90年代，随着国际上对于河流生态问题的关注度增加，我国开始对河流生态修复理论进行认知与探索。2000—2005年，我国进入理论研究的萌芽阶段，该阶段主要学习国外较成熟的河流生态修复理论，并针对我国实际国情提出对应学术观点，主要包括分析河流现状、提出治理目标及原则、探索修复技术等。2005年至今，我国进入理论与实践全面发展阶段，在全国范围内进行河流生态修复实践工作，为全国河流生态修复工作提供了技术、管理、制度建设、体系建设等多方面经验，并通过实践丰富了理论成果。

第二节　相关实践

一、国外实践

（1）西雅图海滨计划（Waterfront Seattle）。2011 年，西雅图政府针对滨水区交通割裂、与周边环境冲突等问题，提出了"西雅图海滨计划"，旨在创造一个能够让全民共享的滨水空间，将滨水区打造为城市生活新前沿。该计划主要围绕城市核心区 2 英里的滨水区进行提升改造，并将持续 10 年以上。新的滨海区将拥有公园、观景点、公共艺术、人行道、街道以及自行车道。

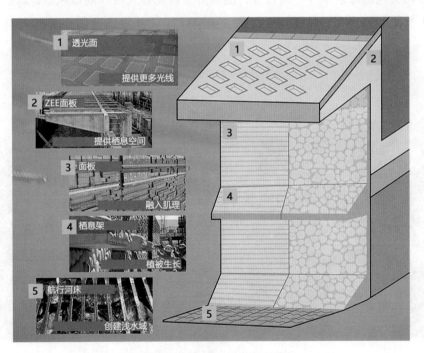

图 2－1　西雅图海堤示意图

滨水区位于两大生态区域——海岸和潮间带之间，为了改善海洋栖息地，新海堤的建造特别关注幼年鲑鱼的洄游。海堤面包括促进藻类生长的凹槽和角落，海湾地板上的岩床供鱼类隐藏和觅食，上方人行道上穿透光线的表面为幼鲑鱼迁徙期间提供光线，既兼顾了海岸的防洪需要与海绵建设需求，又为原生鱼类创造适宜的生存环境，强化了这一生态过渡带，同时增进了两大生态区的联系。

（2）布鲁克林大桥公园。布鲁克林大桥公园位于东河东畔，绵延2.0千米，面积为34公顷。公园于2008年开始建设，是一个废弃的货物运输和储存综合体。公园设计将这个对环境有害的场地转变为繁荣的城市景观，同时保留工业滨水区的戏剧性体验。

设计将原有功能单一的工业滨水区转变为功能复合的滨水公园。为维持活力，公园内6个码头被赋予不同的主题，加以多样化空间营造。1号码头包括海景草坪、舞台等，能欣赏布鲁克林大桥和港口风景；2号码头为运动场，有篮球场、手球场、地滚球场、健身场地等，满足人们多

图2-2　1号码头示意图

样性的活动需求；3 号码头为享受日光浴的草坪和土丘及伴有历史印记的
观景台阶；4 号码头为沙滩，提供了一个亲水、玩水的场所；5 号码头为

图2-3　2号码头运动场示意图

图2-4　5号码头体育场示意图

体育场，能踢足球、野餐、垂钓等；6 号码头布置了排球场地和秋千、沙坑、水乐园等游乐场地。公园还定期举办音乐会、皮划艇、瑜伽、户外观影、环境教育等各项活动，使公园生机勃勃。

图 2-5　6 号码头排球场示意图

　　（3）伊丽莎白码头。伊丽莎白码头位于澳大利亚滨海区，于 2015 年建成，总面积为 10 公顷。半环形河岸将河水拥入怀中，被环形河岸环绕的小岛浮于水面，层次分明的景观花园与连接长廊为城市居民提供各种餐饮、休憩和娱乐活动空间。该项目以律动活泼的形式，重新建立了城市与天鹅河的连接。

　　项目的特色是一个 730 米长的梯田长廊，围绕着一个新形成的入口和岛屿。河中浮岛分割自河岸，通过连桥，该浮岛与陆地建立了良好的连接，并为游客带来更加独特的休闲观景体验。浮岛拥有繁茂的西澳大利亚绿植景观，呼应了当地的生物多样性特征，并为场地内的天鹅等野生动物提供栖息之所。拥有茂盛绿植景观的浮岛不仅为自身带来独特的

绿色标签，也为其周围的公共城市景观带去绿意。曲折的小径将来访者
缓缓引向绿地景观之中，游客在游憩与穿行中体验乐趣。

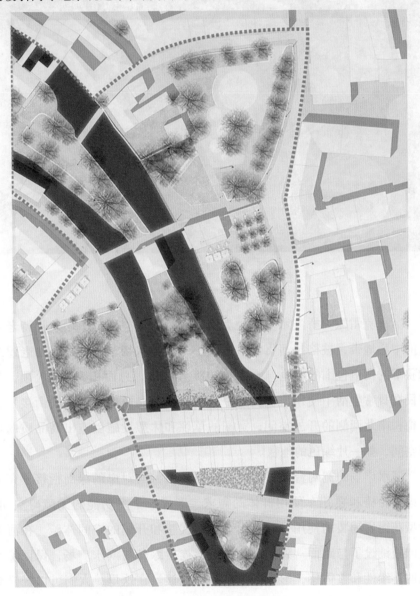

图 2 -6 水岸空间场地示意图

图 2-7　伊丽莎白码头鸟瞰图

　　（4）克雷默大桥滨水空间。克雷默大桥滨水空间位于埃尔福特老城区的中心地带，被格拉河贯穿，形成了一块被水切割，被密集的老建筑和狭窄的街道包围的场地。项目于 2015 年建成，总面积为 0.4 公顷，是市民在日常生活中使用率极高的一处开放空间。场地中的绿岛衔接了克莱梅桥南北两侧的开放空间，宽阔的草坪和休憩设施创造出高品质的城市空间，如一片绿色的地毯。

　　滨水广场的宽阔台阶直接延伸进格拉河，与对岸的绿岛衔接，充分考虑了轮椅和婴儿车使用群体的需求，形成一个多功能的无障碍空间。大型花岗岩铺装的使用，营造出一种现代感和开阔的空间体验。在河下浅滩处铺设了与路面一致的石块铺装，连接绿岛与滨水广场，保证了空间的连续性和整体感，形成一个有趣的过渡。在这里，人们可以轻松穿越或进入水中，与河流进行亲密的互动。

图2-8　滨水阶梯

图2-9　河道穿行空间

二、国内实践

（1）环洱海湖滨缓冲带示范段。示范段位于大理市下关镇洱滨村段，于 2020 年建成，示范段面积为 16.64 公顷，是整个环洱海湖滨缓冲带项目的起点区域。设计以"基于自然的解决方案（NBS）"为理念，以生态重建、辅助再生、自然恢复、保护保育等措施将一个被农田、客栈侵占的湖滨岸线修复为一个水体净化和生态复苏的自然湖滨岸带，为整个环洱海湖滨带的生态修复提供了技术样板。

示范段形成了可持续的自管理体系：所有的设计及施工时序都考虑了湿地演替的自然规律，在第一年建设时通过地形重建，引入先锋植物群落，营造不同类型的生物生境来搭建生态系统基底；在接下来的两年内，先期引入的物种促使有机物自然形成，草、野花和其他植物丰富度逐渐提高，从而为动物提供多样的栖息环境。经过群落的自然演替，物种间的竞争使得生态系统趋于稳定，逐渐形成能够自我维护、抗干扰强、动态平衡的自管理生态系统。

图 2-10 环洱海湖滨总平面图

除此以外，示范段还增设低干扰服务系统：围绕自然的生态基底，仅在湖滨带内设置一条供骑行、步行的生态通行廊道，以降低对动植物栖息地的干扰。同时提供低干扰的基础服务设施，如生态驿站、清洁能源的观光游览车、共享单车等，满足周边村落人群及游客的基本需求。

图2-11　环洱海湖滨微栖息地

（2）东莞市"三江六岸"滨水岸线示范段（龙湾段）。"三江六岸"滨水岸线示范段（龙湾段）位于东莞主城区万江街道，面积约21.74公顷，岸线总长约4.4千米。示范段于2021年建成，是东莞中心城区"一心两轴三片区"的重要组成部分；以连续、高品质的滨水空间为基底，梳理滨水岸线，贯通三条慢行线，创造多种观江亲水的特色活动空间，并以标志性景观提亮滨江，形成与强化东莞独特的滨江性格，是体现东莞山水城市特色的核心空间，也是东莞滨水公共休闲空间的典型代表。

在文化特色营造方面，示范段岸线设计从形态到功能均以水韵、亲水、观水为主，体现水的文化主题。同时融入莞草文化、农耕文化、龙舟文化，沿线保留或增加文化场地及文化活动空间，传承本地文化。东江水韵作为示范段的重要节点，提取东江水的意蕴，结合场地高差，设计标志性构筑，设置游乐场、亲水栈道、活动草坪、展示湿地，与对岸龙湾岛形成呼应，回归岭南水岸生活的初心，营造活力水岸，重塑城市与水岸生活的情感联系，恢复岭南居民对水岸自然风景与水岸生活的温馨记忆。

图2-12 龙湾段低干扰生态通行廊道

图2-13 东江水韵鸟瞰

第三章　碧道内涵与特征

第一节　碧道河流水系价值再认识

　　人对河流的需求依次为安全、健康、审美、社会交往和文化体验五个方面，经济发展水平和居民可支配收入决定人对河流需求的变化。世界银行《2017 世界最佳生活质量参数调研报告——基于 52 个国家》，认为"河流，尤其是城市中的穿越河流对于良好生活质量的营造，具有决定性影响"。《2003 世界发展报告：变革世界中的可持续发展》认为可持续发展社会中的生活质量提高将处于良性增长通道中，而河流是维持生态系统稳定的关键要素。

　　当前，广东省经济总量超过 10 万亿元（接近世界第 9 位的巴西），人均可支配收入超过 4 万元。比对日本、韩国等国家以及中国台湾地区的发展经验，在经济发展水平达到一定阶段后：人们对于河流的需求由早期的安全、健康，转变为以审美、社会交往和文化体验为主导的综合需求。基于人对河流需求的转变，应更加注重万里碧道在审美、社会交往和文化体验方面的空间响应。因此河流水系在生态文明建设中具有重大作用，其价值主要体现在以下几个方面。

一、生态价值：山水林田湖草生命共同体

　　流域是山水林田湖草生命共同体的基本单元，具有生态完整性，河

流水系连通对流域上下游环境和生态功能产生重大影响，河流水系不仅通过地表渠道与下游相连，而且通常经过河床沉积层与下游连通。水系连通不仅表现为水的连通，也涉及泥沙、有机物、营养物和化学污染物的传输。河流上下游的生物连通主要表现为水生或半水生生物的扩散迁移，这些迁移的生物包括鱼类、两栖动物、植物、微生物和无脊椎动物，其主要特征是：能够为下游生物圈提供食物源，或者至少在其生命周期的一个阶段以上下游作为栖息地。

以河流等生态要素建立绿色基础设施，是完善生态网络的重要途径。绿色基础设施是由栖息地、社区环境、水系统、迁徙廊道、绿色能源等5个系统构成的网络，有利于维持生态过程和生物多样性，提升景观品质，促进城乡有序发展，提升绿地功能。绿色基础设施理论的空间模式是由"中心＋连接"构成的网络化空间。其中"中心"为生态网络中的缀块和基质，包括自然保护区、国家公园、森林、城市公园、城市林地等。"连接"通过河流廊道、绿道等相互连接形成三维空间的景观格局，对流域内的物质、能量、信息传递起着重要的生态作用。

因此，河流水系是各种生态要素的连通器，是生态循环系统的重要一环，在促进大自然的物质、能量、信息交换中发挥重要的生态作用。

二、经济价值：城市经济活动的聚集带

河流水系为人们的生产生活提供了宝贵的水资源，在城市发展过程中发挥重要的经济价值。在城市选址之初，河流水系提供充足的水源是城市选址的必备因素。在城市发展过程中，河流水系除作为生活用水、工业生产用水和农业灌溉水源外，最主要的是运输功能，承担城市人口、物资、信息与外界的交换流通，河流沿线逐步成为城市生活的中心地带，同时也是社会经济发展活动相对集中的地区。另外，围绕特定的河流水系作为空间载体开展渔业养殖、旅游休闲等活动也带来持续的经济效益。因此，河流水系对地区社会经济稳定持续发展具有十分重要的意义，在

合理保护和利用好水资源的前提下，需要持续发挥河流水系带来的经济价值。如东莞华阳湖以水环境治理为突破口，注重规划先行，打造集防洪排涝、生态修复、环境保护、产业结构调整和新型城镇化建设于一体的生态旅游圈，带动麻涌镇产业转型升级发展，五年时间实现经济快速持续增长。

三、人文价值：历史文化演变的展示窗口

在人类历史发展过程中，大部分活动主要分布在河流水系周边，水系孕育了人类文明、承载了历史变迁，在与水互动的过程中留下了众多的物质水文化历史景观，包括历史上沿滨水地区分布的古城、古村落、历史建筑、文化古迹、工业遗址等，通过河流水系作为纽带，串联极具地域文化魅力的历史人文景观，有利于文化遗产保护与活化利用。如京杭大运河杭州段改造桥西历史街区的工业遗存，进一步提升桥西历史文化街区景观，活化利用滨水历史文化资源，促进桥西片区转型发展。

四、景观价值：城市更新与产业专项的重要触媒

河流水系不仅是城市中最宝贵的自然景观，更对城市的发展起着带动作用，通过对河流水系景观价值的进一步挖掘与提升，不仅能优化城市空间结构、拓展景观游憩空间、改善区域生态环境、完善土地利用体系、促进景观的可持续发展，也能使其成为促进城市更新、带动产业转型升级、触发知识、创新等新经济的重要触媒。如美国纽约的哈德逊广场，将原铁路货运专线改造成高线公园，将与哈德逊河水岸相交的节点建设哈德逊广场，使其成为融合办公、公园、艺术、文化等多功能的纽约城市新地标，带动曼哈顿西部地区的复兴，极大地刺激了周边地区的房地产发展。

五、游憩价值：连续的线性户外公共活动空间

河流水系作为城市内部客观存在的自然空间，为城市化地区提供连续的开放空间，也是城市中人与自然联系的主要通道。对于广东气候炎热的地区，河流水系提供了天然的通风廊道空间，可缓解热岛效应，为人们提供了融入自然的怡人滨水环境和开展漫步、跑步、骑行、垂钓、泛舟等户外运动的连续线性公共空间，根据大数据识别出城市人群日常活动热力最高的地区通常沿河岸分布，表明滨水地区往往是城市中人群活动交往的重要场所，因此科学分析河流水系与城市空间格局的关系，发掘其作为城市与自然联系的主要通道以及居民间生活交往的功能，使之真正成为城市空间建设的活力因素。

第二节　碧道来源与辨析

建设生态文明，关系人民福祉，关乎民族未来。党的十九大报告指出，建设生态文明是中华民族永续发展的千年大计，要坚持人与自然和谐共生，还自然以宁静、和谐、美丽，构建生态廊道和生物多样性保护网络，建设美丽中国。水是生命之源、生产之要、生态之基，治水兴水是习近平生态文明思想的重要内容。习近平总书记提出"节水优先、空间均衡、系统治理、两手发力"的十六字治水思路，在推动长江经济带发展的座谈会上强调"共抓大保护，不搞大开发"，在黄河流域生态保护和高质量发展座谈会上提出让黄河成为造福人民的幸福河。

当前广东省水安全防卫、水环境治理任务重；处于工业化转型期，产业结构升级和城乡宜居条件要求高；珠三角与粤东粤西粤北发展差距大，区域发展不平衡，急需通过河湖综合治理、建设沿线休闲游憩设施、

产业结构转型、宜居城乡建设和区域协调发展，探索出一条生态、安全、文化、社会、经济协调发展的新路径，建设人们美好生活的好去处，"绿水青山就是金山银山"的好样板，成为践行习近平生态文明思想的好窗口。

一、建设人民生活的好去处

历史上人类逐水而居，临水栖居，水岸地区是人们生活的正面；但到了工业化、城镇化时代，水岸地区被大量的工厂、码头、港口等占用，转而成为人们生活的背面。成为背面的水岸失去公众的监督，导致乱堆乱建乱采乱占"四乱"现象突出，水岸地区往往成为脏差乱的地区场所。在此背景下，碧道建设结合传统水治工作充分挖掘河流水系的重要生态价值和人居价值，向公众提供优质生态产品和人居环境，建设成为人民"融入自然、陶冶身心、健体强身"的美好生活好去处，旨在推动更多的水岸优美环境空间向公众开放，引导城镇居民沿着碧道到郊野、乡村、景区、景点休闲游憩，同时对水岸地区保护和利用形成有效监督，促进水岸地区环境品质提升，建立良性循环。

二、推动区域高质量发展

2014 年习近平总书记在全国两会广东代表团讨论时曾经指出，广东转型升级在全国遇到问题最早。广东省经过 40 年的高速发展，传统靠劳动力、土地、资本等要素驱动的发展方式已难以为继，进入靠信息、技术、创新等要素驱动的转型升级发展新时期。在传统发展模式下，生态效益、社会效益让位于经济效益，在此背景下大量滨水岸线开发为生产岸线，大量低效三旧用地分布在滨水地区。珠三角地区水系沿线 500 米范围内三旧用地面积为 954.4 平方千米，占珠三角三旧改造用地面积的 54.9%。

滨水地区分布大量三旧用地，用地效率低、空间品质不高：由于大量城乡社会经济活动集中在滨水地区，经过多年发展，大量旧村庄、旧城镇、旧厂房等三旧用地分布在滨水地区。沿水系分布的旧厂房多是高污染、高能耗、资本和技术密集度低的产业，或是港口码头、物流仓储用地，造成水体污染、滨水环境恶化、水岸空间被侵占等问题，极大地降低了滨水空间的整体空间品质。三旧改造为提升滨水空间的品质提供了契机，在碧道建设的同时也为三旧改造提供了机遇，应将碧道建设与三旧改造结合，推进滨水地区的更新改造，为城乡居民提供宜居宜业宜游的高品质滨水空间。

滨水地区连续贯通性不足，可达性和可游性有待加强。广州地处亚热带沿海，北回归线从中南部穿过，属海洋性亚热带季风气候，以温暖多雨、光热充足、夏季长、霜期短为特征，而沿河流水系形成舒适宜人的通风廊道，加之人喜亲近水体的天然属性，滨水地区往往成为城乡居民休闲游憩的重要场所。尤其是在城市建设密集的地区，水岸是人群日常活动最集中的区域，人们到这里骑行、跑步和休闲。一方面城乡居民对滨水地区的休闲游憩需求高，另一方面滨水地区分布大量工厂、码头等生产线岸线，以及城市主干道路等，对城乡居民进入、到达滨水地区造成阻隔，造成滨水地区连续贯通性不足、可达性差等问题，现状的滨水空间环境品质不能满足人民日益增长的滨水休闲需求。

滨水地区是城市的重要窗口，但利用形式单一、特色不足。珠江新城、国际金融城、国际会展中心、琶洲互联网金融集聚区等城市重大发展平台大多临水而建，滨水地区是展示地方魅力的重要窗口，城市重要地区往往临水分布，城市博物馆、图书馆、青少年活动中心等重要的公共配套设施也主要集中在滨水地区，与滨水公共活动空间相结合。同时，广州市两千多年临水而居，自古以来为重要的国际通商口岸，滨水区域有大量历史遗迹，如古码头、古水驿等，能充分展示地方的历史魅力。但目前滨水地区的开发利用形式较为单一，以景观或交通功能为主，缺乏互动式、体验式功能置入；标准较为单一，以单一城镇标准建设滨水地区，过度公园化、人工化；各区滨水空间特色性不足，不能较好地反映地方的自然生态、历史文化特色或城市（镇）气质。

因此，广东省碧道建设将兼顾经济效益、生态效益、社会效益和文化效益，利用碧道建设的契机倒逼滨水地区的三旧改造和产业转型发展，提升滨水地区空间品质。充分发挥河流水系的生态价值，引入创新、创意、人文等要素，打造融合生态、休闲、健身、社交、消费等复合功能的滨水公共场所，以优质的滨水空间品质促进广东转型发展。

三、实现水岸综合治理

党的十八大以来，党中央着眼于生态文明建设全局，明确了"节水优先、空间均衡、系统治理、两手发力"的治水思路。2018 年 4 月，习近平总书记在深入推动长江经济带发展座谈会上提出"要从生态系统整体性和长江流域系统性着眼，统筹山水林田湖草等生态要素，实施好生态修复和环境保护工程"。传统治水在防洪安全工作中，通常采用硬质堤防堤岸，忽视水岸的景观、场所价值；在水环境治理工作中，往往采取应急性措施，忽略源头监管。传统水利工作缺乏对山水林田湖草的统筹，缺乏对人、水、岸、城的统筹，缺乏对取水、输水、用水、耗水和排水的统筹，导致水旱灾害频发、水资源短缺、水生态损害、水环境污染等"水多水少水浑水脏"问题。

碧道建设贯彻落实习近平总书记生态文明思想，以水为主线，将山水林田湖草视为一个生命共同体，用系统思维治水，依托河流生态廊道连接重要生态斑块和基质，形成"网络化"绿色基础设施，构建生态网络。以流域为单元，统筹干支流、上下游、左右岸，城镇与乡村、陆域与水域，分类施策系统治理。强调水岸同治，综合考虑河道管理范围线、道路红线、城市蓝线三线空间范围，把水安全防卫工作融入生态、共享理念，在水环境治理工作中采用系统思维，在此基础上结合人的需求，提供优质的生态产品。

第三节　碧道定义与内涵

碧道作为一个全新概念，国内外尚无建设先例，但关于生态河湖及生态廊道建设已有较丰富的实践经验，可供碧道建设参考。

从国际看，全球最早的河流生态廊道源于1878年美国波士顿"翡翠项链"。20世纪60年代后，经河流保护与恢复运动的推动，河流生态廊道建设成为20世纪80年代后欧美甚至世界性的绿色开放空间。其中美国生态廊道建设强调多重功能兼备，欧洲生态廊道强调生态环境保护，日本生态廊道建设强调生物栖息地保护和生物迁徙路径，新加坡、中国香港等亚洲都市生态廊道强调休闲游憩功能。

从国内看，近年来，国内特别是江浙等东南沿海经济发达地区生态廊道及河湖生态建设加快推进，其中浙江打造五大美丽河湖新格局，江苏开展生态河湖行动。这些经验做法都加深了对碧道定义内涵等的相关认识。

一、广东万里碧道内涵：三道一带

从广东省层面，《广东万里碧道总体规划（2020—2035年）》对碧道内涵进行了解析。碧道是以水为纽带，以江河湖库及河口岸边带为载体，统筹生态、安全、文化、景观和休闲功能建立的复合型廊道。通过系统思维共建共治共享，优化廊道的生态、生活、生产空间格局，形成碧水畅流、江河安澜的安全行洪通道，水清岸绿、鱼翔浅底的自然生态廊道，留住乡愁、共享健康的文化休闲漫道，高质量发展的生态活力滨水经济带。

高质量规划建设万里碧道是广东全面推行河长制、湖长制的生动实

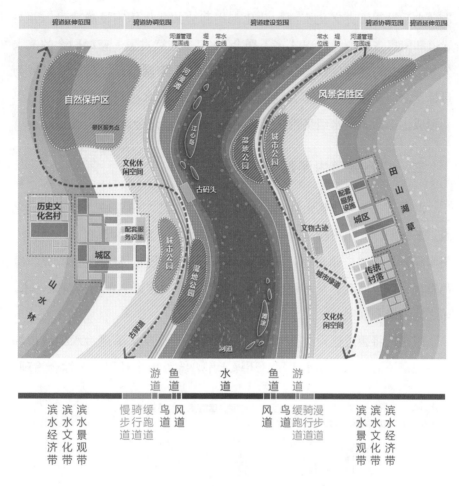

图 3-1　广州千里碧道"三道一带"总体建设空间范围示意图

践，是巩固和发展治水成果的创新举措，是新时代生态文明建设的重要内容。碧道建设总体上形成"三道一带"的空间范围：以安全为前提，依托堤防等防洪工程，构建碧水畅流、江河安澜的安全行洪通道；以生态保护与修复为核心，以河道管理范围为主体，依托水域、岸边带及周边陆域绿地、农田、山林等构建水清岸绿、鱼翔浅底的自然生态廊道；以滨水游径为载体，串联临水的城镇街区和乡村居民点、景区景点等，带动水系沿线历史文化资源的活化利用和公共文化休闲设施建设，并与绿道和南粤古驿道等实现"多道融合"，打造连续贯通、蓝绿融合的滨水公共空间，构建留住乡愁、共享健康的文化休闲漫道；以高质量发展为目标，为河湖水系注入多元功能，系统带动河湖水域周边产业发展，引领形成生态活力滨水经济带，实现"绿水青山就是金山银山"的理念。

二、广州碧道内涵延伸：八道三带

广州，二千多年临水而居、依水建城，水是广州立城之本、生活之源。新时期，广州市深入领会碧道建设的时代背景和重大意义，结合广州实际，提出"广州碧道：理想水生活"总体理念，坚持生态优先、绿色发展，以水而定、量水而行，因地制宜、分类施策，重新构筑人、水、城之间的紧密联系。

广州市将碧道建设作为城市治水升级版，实现从单纯治水到城市综合治理，还清于水、还水于民、还绿于岸，统筹山水林田湖海综合治理、

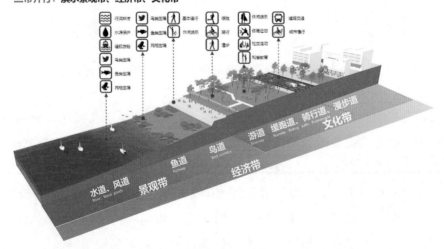

图 3-2　广州千里碧道"八道三带"空间范式图

系统治理、源头治理，改善流域生态环境、实现空间综合利用、带动产业转型升级、激活片区多元价值，并结合自身实际，深化细化省万里碧道"三道一带"空间要求，提出"水道、风道、鱼道、鸟道、游道、漫步道、缓跑道、骑行道"八道合一和"滨水经济带、文化带、景观带"三带并行的"八道三带"空间范式，保护珠江生态岛链，建设碧道风廊、水鸟走廊，恢复鱼类洄游生态圈。协同岸线、河滩、沿岸绿地整个水生态系统的整治与修复，形成水体全循环过程的系统治理；同时注重与广州城市通风廊道体系的有机结合，保障河道风的通畅性。打造蓝线上的公共服务综合带，让河道的自然生态与亲水体验再次繁衍，实现堤内外、上下游、干支流、左右岸系统治理，打造广东万里碧道建设的"广州样板"，助力广州实现老城市新活力和"四个出新出彩"，建设具有独特魅力和发展活力的国际大都市。

三、广州碧道目标：河畅、水清、岸绿、景美，千里长卷，最美广州

以水为主线，以"河畅、水清、岸绿、景美"为基本要求，充分挖掘河流水系的生态价值、游憩价值、历史人文价值、景观价值和经济价值，通过水资源保障、水安全提升、水环境改善、水生态保护与修复、景观与游憩系统构建，打造"清水绿岸、鱼翔浅底、水草丰美、白鹭成群"的广州千里碧道，实现"千里长卷、最美广州"，将碧道建设打造成为"水生态环境治理的升级版"，推动优美生态环境的共建共治共享，不断增强人民群众的获得感、幸福感、安全感。

第一步，构建生态安全的蓝绿碧网。与水共存，从生态完整性和流域系统性出发，依托河流水系构建生态廊道和生物多样性保护网络，完善广州市生态安全格局，改善河湖生态环境。应对极端天气，完善主要江河流域防洪（潮）排涝体系，提升城市防洪（潮）排涝安全和韧性，构建生态、安全的蓝绿碧网。

第二步，营造理想生活的水岸空间。以人为本，面向全人群，结合广州北树南网的水系空间和岭南水乡、广府文化的地方底蕴，特色化打造"最广州"碧道空间和场景，改善广州人民的生活环境品质，引导人们户外休闲、远足自然，形成绿色健康的生活方式，建设成为人民美好生活的好去处。

第三步，打造高质量发展的滨水经济带。坚持对标国际，触媒城市，高标准推动广州碧道建设，以治水倒逼治产、治城，促进城市更新、乡村振兴发展、产业转型升级、基础设施建设、人居环境改善，促进旅游消费及与水相关产业的发展，触发知识、创新等新经济发展活动，实现经济高质量发展。

四、广州碧道建设基础

黑臭水体整治、污水收集处理提升为碧道建设稳固了生态基础。2016 年至今，广州市大力推进 30 座新（扩）污水处理厂建设，其中 13 座污水处理厂已投产运行，17 座污水处理厂已实现试通水，新增污水处理能力 267.05 万吨/日，是"十二五"期间新增污水处理能力（29 万吨/日）的 9.2 倍，全市污水处理能力可达到约 766 万吨/日，首次超过全市自来水供应总量 698 万吨/日，提前完成"十三五"规划任务；建成污水管网 10796 千米，是"十二五"期间建成管网数（1292 千米）的 8.4 倍；完成第一批 48 个城中村、第二批 49 个城中村截污纳管工程，第三批 44 个城中村截污纳管工程累计敷设埋地管 2186 千米，总体进度 96%；农污治理方面，截至 2020 年一季度，全市自然村污水终端处理设施建设率 86.59%，雨污分流管网建设率 86.71%。2019 年底，广州市 197 条（其中纳入国家监管平台的 147 条）黑臭水体全部通过了第三方"初见成效"评估，基本实现消除黑臭，其中有 35 条已达到"长制久清"，其余 162 条正在开展"长制久清"阶段评估。2020年 1—3 月，全市 13 个国省考断面中 12 个达到考核要求，仅省考东朗断面因溶解氧还未达到 III 类水要求（其余指标均为 III 类），断面优良比例为 69.2%；鸦岗断面由 2018 年以前的劣 V 类水质现已稳定保持在 IV 类水，石井河口断面则由过去氨氮超过 20mg/L 的"黑臭酱油河"现已成功改善为 V 类水；2019 年市统计局民调结果显示，市民认为工作成效最为显著的是黑臭河涌治理，位列建设花城成效显著各项工作的第一位；完成了国家节水型城市达标建设并通过省验收，2019 年 6 月，广东省命名广州市为"广东省节水型城市"；2019 年 7 月，广州市获得省全面推行河长制、湖长制工作考核"优秀"等级。因此，水生态环境持续改善为碧道建设稳固了生态本底。

绿道、古驿道等建设为碧道建设提供实践经验。线性开敞空间建设一直是广州市乃至广东省城市空间治理的重要手段，2008 年广州率先试点绿道建设，开启了城市线性开敞空间的供给，增进了城乡的交流与融合；截至 2018 年，全市绿道建成总里程 3400 千米，串联起 320 个主要景点，151 个驿站和服务点，覆盖面积 3600 平方千米，服务人口超过 800 万，是珠三角各市中建成绿道线路最长、串联景点最多、综合配套最齐、在中心城区分布最广的绿道网；2016 年，广东率先开展南粤古驿道保护利用修复工作，目前已完成建设 8 处古驿道示范段和 11 条古驿道重点线路，沿线 5 千米范围内串联 1320 个贫困村（占全省 60%），绿道、古驿道在推动实现绿色发展、低碳生活、文化传承、乡村振兴等有机结合方面作出了有益探索、形成了成熟范例，同时其高位设计规划、建设模式、管理运行等成功经验为碧道建设提供了借鉴。

第四节　碧道类型体系

碧道按所处河段周边环境分为都市型、城镇型、乡野型和自然生态型四种。结合河流水系、周边城乡建设及功能特点，各类型碧道建设任务总量和重点有所区别，各有侧重。

一、都市型碧道

依托流经大城市城区的水系建设，针对大城市城区人口、经济、文化等活动密集的特点，强化公共交通设施、文化休闲设施、公共服务功能以及亲水性业态的复合，构建高质量发展的生态活力滨水经济带。都市型碧道所在区域是人口极为密集的城市地区，应满足防洪排涝安全、水质达标良好的基本人居环境要求。系统推进流域综合治理，重在统筹治水、治产、治城，打造宜居宜业宜游的一流水岸。

都市型碧道建设重点：一是以提升防洪（潮）的安全与韧性为目标，采用新理念推动海绵城市、多级复式堤建设；二是全面改善河湖水系水质，建设碧水清流的宜居环境；三是以岸边带整治和动植物生境恢复为主，积极利用河口、河漫滩等建设湿地公园；四是打造展现都市风貌和魅力的重要窗口，积极结合三旧改造建设碧道，带动滨水地区产业和城市功能转型；五是建设连续贯通、配套完善、舒适可达的游憩带，推进碧道公园建设。

二、城镇型碧道

依托流经中小城市城区及镇区水系建设，针对中小城市及城镇地区人口相对稠密的特点，在满足居民康体休闲文化等需求的同时，强调生态、经济功能，凸显地域特色。城镇型碧道应优先保障防洪排涝安全，以水环境治理为重点，链接水系周边的湿地公园、农业公园、森林公园、产业园等系统，推进共建共治，打造城镇居民安居乐业的美丽家园。

城镇型碧道建设重点：一是保障城镇防洪排涝安全，开展海绵城市建设；二是改善城镇水质，提高城镇污水处理能力；三是加强河滩地、江心洲保护，维护河湖生境多样性；四是打造展现城镇风貌和地域特色的重要场所；五是建设连续的滨水慢行道和惠民、便民的碧道公园。

三、乡野型碧道

依托流经乡村聚落及城市郊野地区的水系建设，针对乡野地区农田、村落、山林等景观的美丽多彩特点，尽量保留原生景观风貌，减少人工干预，以大地景观的多样性满足各类人群的休闲需求。乡野型碧道应优先保障防洪安全，防止水土流失，控制农村面源污染，建设惠民滨水公共活动空间和乡村旅游目的地，推动乡村振兴，打造各具特色的美丽乡村。

乡野型碧道建设重点：一是结合中小河流治理优先的特点，保障防洪安全；二是控制农村面源污染，维护河湖生态系统和生物多样性；三是维护河湖生态系统健康和生物多样性；四是结合滨水地区特性，建设村民公共活动空间和美丽乡村旅游目的地。

四、自然生态型碧道

依托流经自然保护区、风景名胜区、森林公园、湿地等生态价值较高地区的水系建设，坚持生态保育和生态修复优先，人工干预最小化，充分发挥自然生态在美学、科普、科研等方面的价值。自然生态型碧道应优先划定生态廊道，保护自然景观。适当构建水上游径、生态化慢行道等人与自然和谐共生的游憩系统，防止破坏性建设行为。

自然生态型碧道建设重点：一是以保护生态为前提，以水生态保护与修复为重点，划定生态缓冲带；二是保护和修复自然景观，利用河口、河漫滩建立湿地保护区；三是适当构建人水和谐的游憩系统，除必要设施外禁止其他开发建设行为。

第五节　碧道空间体系

广州市在省万里碧道建设空间范围基础上结合相关法律法规的规定，参照广州市河道管理控制线的划定范围，划定广州市碧道管理控制线，原则上广州市碧道管理控制线与广州市河道管理控制线范围保持一致。碧道协调范围主要为临水的城镇第一街区、乡村居民点，碧道延伸范围主要为水系沿线周边地区。碧道建设范围内重点建设安全行洪通道、鱼道、鸟道、风廊等自然生态廊道以及漫步道、缓跑道、骑行道等

图3-3　广州千里碧道建设空间范围示意图

文化休闲漫道，实现全线贯通。在碧道协调范围内重点整合沿线的各类自然生态、历史人文、城市功能要素，强化"安全行洪、自然生态、文化休闲"等碧道核心内容的建设。碧道延伸范围串联碧道沿线资源，推动沿线产业升级、乡村振兴、城市更新、基础设施建设，打造"碧道＋"产业群落，推动形成高质量经济发展带。

第四章 碧道规划设计方法

第一节 碧道规划设计原则

生态优先，安全为首。尊重自然、顺应自然、敬畏自然，以水环境改善和水生态自然修复为主，人工建设改造利用为辅，防止破坏性建设行为。把水安全放在首要位置，在依托河涌、湖库等水域、滨水岸线打造绿色开放生态廊道的同时，确保防洪安全、生态安全和人的活动安全，保障防洪（潮）排涝安全和游憩人群人身安全。

流域统筹，系统治理。树立"山水林田湖草是一个生命共同体"的理念，以流域为单元，统筹干支流、上下游、左右岸，统筹城镇与乡村、陆域与水域，系统治理，推动绿色发展、循环发展、低碳发展，协调人、水、地、产、城的关系，打造"水清岸绿、鱼翔浅底、水草丰美、白鹭成群"的生态廊道。

以人为本，彰显特色。坚持以人民为中心，以建设广大人民群众喜游乐到的滨水空间为目标，统筹指导河湖水系综合整治，促进人居环境品质提升，提升人民群众的获得感、安全感和幸福感。坚定文化自信、注重文明传承，促进传统与现代融合发展，打造岭南水乡文化传承新载体，建设可体验、可游憩的千里碧道，体现城市精神、提升城市魅力，推进高质量滨水经济带发展。

因地制宜，经济适用。统筹相关规划建设，在原有绿道及黑臭水体治理成果的基础上，充分利用现有资源，"不人为生硬裁弯取直"，坚决杜绝铺张浪费。将黑臭水体治理等工作与景观、历史人文相融合，把碧道建设与推动粤港澳大湾区建设、乡村振兴、产业升级、高质量发展等工作有机结合，倒逼产业结构不断升级，助力综合城市功能提升。

部门协同，多方参与。充分发挥河长制、湖长制制度优势，坚持河长主导，构建党政领导、部门联动、社会参与的工作机制。结合水环境治理、乡村振兴、全域旅游、防洪补短板、海绵城市建设以及航道及"四好农村路"建设，协调各类专项资金和项目安排，形成部门协同、水岸共治新格局，合力推进万里碧道建设。坚持两手发力，引导社会力量积极参与碧道建设和运营管护，统筹治水、治产、治城，实现生态、经济和社会效益有机统一。

第二节　碧道规划设计内容

碧道建设包括"5+1"重点任务，即水资源保障、水安全提升、水环境改善、水生态保护与修复、景观与游憩系统构建五大建设任务和共建生态活力滨水经济带一项提升任务。坚持治理先行，层层递进，在巩固水资源保障、水污染防治和防洪减灾建设成果的基础上，推进水生态保护与修复、景观与游憩系统建设。

其中，水资源保障包括优化水资源调度、加强河湖水系连通等；水安全提升包括防洪工程完善、海堤江堤达标加固、中小河流治理、河道空间管控、城镇内涝缓解、灾害应急能力建设等；水环境改善包括水环境治理推进、入河排污口整治、岸边带面源污染控制、饮用水水源保护区管理、河道垃圾整治等；水生态保护与修复包括水源涵养区治理、水土流失治理、岸边带生态修复、生物栖息地保护等；景观与游憩系统构建包括多元景观营造、水文化保护与展示、特色游径建设、碧道公园打造等；共建生态活力滨水经济带包括促进碧道沿线协同治理、推动碧道沿线产业提档升级、打造"碧道＋"产业群落等。

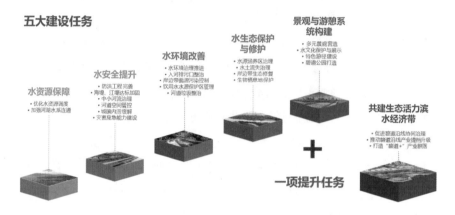

图4-1 广州碧道建设重点任务示意图

一、水资源保障

在"5＋1"重点任务中，首先要进行水资源保障工作。

（1）加强水量科学调度、优化水资源配置。在此项工作中，广州市编制实施主要江河水量调度方案，分期分批确定全市主要江河湖水系生态流量（水位）。

建立健全生态流量监测预警机制：对主要断面进行生态流量监控，按照优先保证生活用水、确保生态基本需水、保障生产合理需水、优化配置生产经营用水的原则，统筹各行业、各区域和河道内外用水需求，结合流域综合规划和计算规范，健全生态流量监测预警机制，严格按照批准的生态流量要求合理安排取水、工程的调度运行，有利于缓解枯水期生产生活用水与生态用水之间的矛盾，解决部分地区河湖萎缩、生物多样性受损、河湖生态功能下降等问题，维持和保障河湖健康，确保水生态安全。

　　优化水闸泵站调度：加强流域控制性水库及干流梯级多目标联合调度，优化运行管理，合理加大枯水期引水量，增强水体流动性。

　　加大推进非常规水利用力度：通过污水处理厂尾水提标回用、雨水资源化等措施对城市河涌进行生态补水。开展小水电绿色改造，逐步落实已建、在建水利水电工程生态流量泄放措施，保障河道生态流量。由于再生水特殊的物理化学性质，在使用过程中比天然水体更容易引起水体富营养化问题，在利用再生水补水的同时，需保证一定的水体流动性，防止再生水补水在水动力差河段不流动引起的富营养化。

　　（2）开展水土流失治理，保障水资源安全。水土流失的治理是保障水资源安全的基础，水源地生态保护是保障水资源安全的关键。生态保护具有很强的正外部性，可是配套激励机制会使保护者缺乏保护的积极性，所以建立水生态保护补偿制度，是保护水生态和区域经济协调发展的重要手段。在水生态保护的主体、水生态受益的主体及水生态保护的效果均容易量化的情况下，例如在跨流域、跨区域引水工程中，可以建立"谁受益，谁付费"和"谁保护，补偿谁"的市场补偿办法；在水生态的受益者主体不明确的情况下，例如在生态公益林建设中，可以采用政府财政转移支付的办法向保护者提供补偿。

　　（3）推进河湖水系连通，促进河湖水体畅流。因地制宜开展江河湖（库）水系连通工程，推进重大水系连通工程建设，增强径流调蓄能力和供水调配保障能力。以大小河涌为连通网线，以星罗棋布的湿地公园为生态节点，逐步恢复河、湖、湿地等各类水体的连通，构建立体绿色活力水网。加强水网生态廊道建设，完善多源互补，实现跨流域、区域互联互通。推进海珠区瑞宝—石溪涌、南泰—广纸涌，推进荔湖与增塘水库连通渠工程和其余建成区河涌水系连通，恢复河涌、坑塘、河湖等水体自然连通，促进水体顺畅流动。

二、水安全提升

（1）堤防达标加固，完善防洪体系。广州市位于珠江三角洲地区，区域内防洪（潮）体系是堤库结合，重点是堤围建设，现有的防洪（潮）总体布局符合珠江流域防洪（潮）的总体规划。

广州市防洪工程体系坚持"堤库结合，以泄为主，泄蓄兼施"的防洪方针，采用堤库结合的防洪工程措施。番禺、南沙新城区，防洪（潮）体系不完善，江海堤防达标率低，规划重点为完善江堤和海堤的防洪（潮）体系，确保广州新城区防洪（潮）期的安全。白云、花都和从化等北部地区，主要大江大河为流溪河和两涌一河（白坭河、西南涌、芦苞涌），主要防洪整治重点为支流河涌整治。黄埔、萝岗和增城等地区主要河道为东江北干流、西福河、增江，规划进一步完善防洪工程建设。广州和佛山的交界区域，主要河道为西航道等珠江干流河道，目前堤防建设基本完成，部分江心岛堤防尚未完善，规划对未达标堤防进行加固达标和重建，确保防洪安全。珠江广州河段保护的范围主要为广州市的

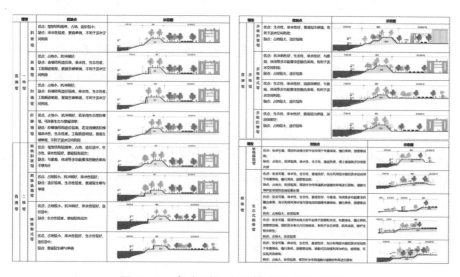

图4-2 各类型堤岸优缺点分析示意图

中心区，包括白云区、天河区、荔湾区、越秀区、黄埔区、海珠区和萝岗区部分区域，珠江广州河道堤防主要包括西航道、前航道、后航道、黄埔水道等，目前堤防已相对完善。

因此，在碧道建设过程中根据碧道所在区域的类型，提出碧道相应堤段建设指引示意图。根据碧道类型结合用地情况，用地紧张处以直墙堤防为主，用地相对宽裕的，结合周边人文景观，同步实施相应的护岸、景观等工程。

（2）推进水系整治，保障行洪安全。广州市全市河流水系1368条，河涌整治总体良好。碧道河涌治理，在保证水安全的前提下，应充分结合区域周边人文、景观要素，综合提升碧道功能。

北部地区通过结合"山、水、林、果、泉、湖"的景观特色，保护成片农田、生态绿地、生态公益林区、自然保护区、森林公园、郊野公园、湿地公园、水源保护区等自然空间，形成连续性、开放性、景观性的自然景观界面。围绕白云山等自然山脉，通过视线通廊引山入城。保护岭南古村镇，突出岭南特色生态和文化特征。

中部地区通过改善河涌水系水环境，形成丰富多元、凸显岭南特色的生态景观文化长廊。保护和利用好众多的江心岛屿，维育好海珠湿地等生态空间，严格控制珠江沿岸的城市开发，着重优化珠江两岸天际轮廓线。保护广州历史文化名城风貌，保护城市肌理与街道界面的尺度、风格和连续性，塑造中西合璧、古今交融的活力街区。

南部地区通过保护和合理开发利用滨海河道岸线以及南沙湿地等自然生态空间，科学规划生产岸线、生活岸线、生态岸线，增加滨水空间的开敞性，建设布局开敞、特色鲜明的滨海城市。

（3）优化河道护岸，确保堤岸安全。北部山水涵养区重点保持河流原有形态、采用放坡梯级断面。水系主要是从化、花都、增城北部区域水系，区域内生态环境较好，拥有丰富的山水资源，人口密度较小，河流天然生态要素较多,多为山区性河流,结合河流生态特点及区域景观要求,尽量保持河流原有的走势和生态格局,采用放坡的梯形断面,分一级、两级或多级斜坡,采用稳定形式的植草护坡,防止河岸冲刷,保障水资源的安全。河道建设应体现海绵城市中滞、蓄、净、排等理念,加强水系的保护和管理,提高生态涵养功能,提升河岸生态条件,恢复河道的自然形态与驳岸生境;建设人工湿地、植被缓冲带等,提升水体自净功能,推进流溪河、增江等重点河道一河两岸生态修复治理。

南部水乡风情区重点采用生态护岸,建设海绵城市。河流主要是海珠、荔湾(芳村)、番禺、南沙北部等区域水系,区域河网密度高、水面率高、水系发达、水循环及净化能力较强,水上交通便利,但由于地势相对低洼,易受涝灾影响,水系亦受城市建设侵蚀,水污染严重。考虑河网水系特点和潮汐影响特点,采用具有水系特色的生态护岸。区域建设应体现海绵城市中的蓄、排等理念,避免过度填埋水面,不得擅自占用蓝线内水域。

(4)综合施策,缓解城镇内涝压力。在加大城市排水泵站、水闸等传统排涝设施建设的同时,广州市在碧道建设中大力推进海绵城市建设,综合采取"渗、滞、蓄、净、用、排"等措施,实现从末端到源头,自然调蓄、自排与强排相结合的全过程、全面调控,最大限度地降低城市开发建设对生态环境的影响。对初期雨水就近消纳和利用,增强城市吸纳雨水径流能力,实现雨水径流由"快速排除""末端集中"向"慢排缓释""源头分散"的转变。鼓励单位、社区和居民家庭安装雨水收集装置。大力推广应用透水铺装,因地制宜建设雨水花园、蓄水池、湿地公园、下沉式绿地等雨水滞留设施,不断提高雨水就地蓄积、渗透比例。积极开展湿地公园建设,加强河涌水系连通与整治,恢复"断头涌",在有条件的地区实施河湖水系暗渠复明,恢复河道本来面貌,增加水面范围,恢复调蓄空间,系统解决城镇内涝问题。

（5）加强防范，强化防汛抢险救灾能力。碧道建设应结合区域防灾减灾相关预案，编制科学合理、分工明确的防汛抢险救灾应急预案。加强灾害应急能力建设，依托全市自然灾害求助物资储备体系、应急指挥中心等，明确防灾救险通道，建立应急避难场所等，配套完善的防汛抢险相关设备设施。依托城乡公园、广场、学校、体育场馆等大型公共服务设施，建设城乡应急避难场所。各类碧道均应设置警示标志标识、远程监控设施，确保行洪安全和人的活动安全。

（6）多措并举，有效应对极端气候和海平面上升。针对沿海城市，极端天气和海平面上升一直是对城市建设及管理的重要挑战。碧道建设提出主动避让、加强监管，建立极端气候预警机制。即采取主动避让、强化防护、有效减灾、加强监管等多措并举，应对极端气候变化影响。统筹考虑土地资源、水资源和气候条件等因素，考虑温度变化、极端暴雨天气、海平面上升等影响，南沙等沿海片区需主动避让高风险区。充分考虑未来温度、暴雨强度、海平面上升幅度，提高海堤等防护工程的防护标准。加强基础信息收集，建立气候变化基础数据库，加强气候变化风险及极端气候事件预测预报预警。开展关键部门和领域气候变化风险分析，建立极端气候事件预警指数和等级标准，实现各类极端气候事件预测预警信息的共享共用和有效传递。建立多灾种早期预警机制。

适当提升外江防洪标准。充分考虑未来温度、暴雨强度、海平面上升幅度，提高海堤等防护工程的防护标准。同时，随着《广州市珠江堤防达标提升总体方案》的实施，珠江堤防将满足抵御 200 年一遇风暴潮风险，而到 20 世纪末海平面要上升，海平面将在现在基础上再上升 40～50 厘米，需结合相应整治工程进一步提升外江防洪潮标准。

优化海岸带，打造"生命防波堤"。20 世纪以来全球海平面已上升了 10～20 厘米，按照美国宇航局（NASA）发布最新预测称，由于全球气候变暖，导致未来 100 至 200 年内海平面上升至少 1 米已无法避免，海平面上升将导致风暴潮频发，洪涝灾害加剧，沿海低地和海岸受到侵蚀，海岸后退，滨海地区用水受到污染，农田盐碱化，潮差加大，波浪作用加强，减弱沿岸防护堤坝的能力。广州出海航道是一条比较稳定的潮流冲刷槽，广州海域属于典型的咸淡水混合区，目前主要以200年一遇的堤防岸线为主，考虑到海平面持续上升，可参照美国史坦顿（Staten）生命防波堤设计经验，通过采用生态增强的防波堤系统，以一种分层防灾方法，通过防止海岸侵蚀，降低波浪能量，增强生态系统和社会复原力来促进风险降低。

生命防波堤沿海岸线设置，离海岸200～400米之间，水深比平均低水位低0.5～3米，由坚硬的石头和生物增强混凝土护面块体组成，是非传统的堆石堤结构。防波堤吸收波浪能量，产生缓慢流动的水，可以挽救生命，减少对建筑物的破坏，还可降低洪水的海拔高度。平静的海水反过来促进了沉积作用，从而加固了保护性海滩，同时在防波堤水底结合堤坝设计融入鱼虾、牡蛎、洄游鱼类、幼鱼的生存空间来增强海洋生态系统。

空间置换，增强海陆交互。"空间置换"是一种寻找、分类、移动、储存和利用土壤及空间用以改善海平面上升的协调、协作和区域的方法。土壤与城市空间是海平面上升适应项目的基本组成部分：用来建设海岸线边缘、修复堤坝、创建新的水平堤坝系统、抬高建筑工地等。空间置换以一种策略性的方法，目的是在海岸线的低洼地区减少密度，并在地势较高的地方增加密度。

空间置换的目标有两方面：一方面是增加密度，在适当的地点促进和鼓励更密集及混合的发展形式；减少密度，释放低洼地区，以提供空间，支持区域洪水管理战略。空间置换因为涉及土地功能置换和容积率的置换，有可能产生大量资金，用于保护和加强弹性基础设施，同时将重点放在确定的增长领域，支持提高生活质量和经济水平的建设环境及

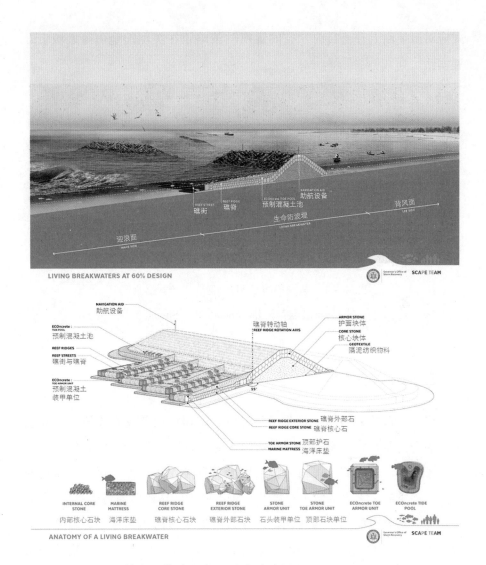

图 4 -3　美国纽约史坦顿"生命防波堤"（Living Breakwaters）

土地利用规划战略。另一方面，还需开展更进一步的海陆交互，让自然做工，开展沿海生态系统和流域保护，开展沿海野生动物和海洋生物栖息地恢复、修复及改善，改善提升沿海本地公园，增强绿地空间弹性，修复沿海湿地及红树林，增强海岸带韧性等，以一种更综合更多样的形式应对海平面上升。目前"空间置换"策略正在美国旧金山等大城市开展实践。

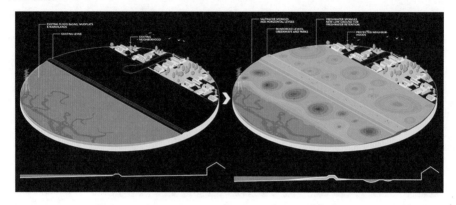

图 4-4　美国旧金山硅谷地带"土地置换"
——河口海湾海绵（South Bay Sponge）

三、水环境改善

（1）合流渠箱改造，推进清污分流。广州市内普遍存在的渠箱周边现状为合流制系统，旱季时，周边污水通过片区合流管汇入渠箱，再汇入主干管，清污混流，渠箱与污水主干管直接连通，箱内藏污纳垢情况严重。雨季时，大量的雨水直接汇入现状暗涵，导致渠箱溢流频次加剧，渠箱与截污管内的污水直排河涌，导致河涌水体污染严重。为保障河涌水体水质，根据广州市水环境治理实际情况，构建完善污水收集处理系统、有序推进合流渠箱改造，实施合流渠箱改造（清污分流）工程，建设较为完善的污水管道系统，有效地沿途收集污水，实现雨水入河、污水进厂的目标，减少外水进入污水系统，降低污水管网的水位，提高污水进厂浓度，促进污水系统提质增效。

清污分流工程需同步考虑配合实施达标单元的需求，搭建围绕渠箱的外围主干管系统，以实现旱季污水不再进入河涌（渠箱），雨季溢流污染得到有效缓解；同时需考虑后续排水达标单元建设支管接入问题，从管道布置、纵断面设计等方面入手确定合理的工程方案，避免后期重复施工。

进行渠箱摸查。工程前期可因地制宜，通过蛙人、三维扫描影像等技术手段对工程范围内涉及渠箱的走向、高程、渠箱断面尺寸、排水口、渠底高程及水深等信息进行摸查。

及时清淤疏浚。合流渠箱内普遍存在大量沉积物，通过清疏工程，既清除了内部污染物、减少了河涌内源污染，又提高了渠箱的排涝能力。

在具体实践中，根据区位实际情况，新建雨水、污水路由，可在暗渠入口处接现有两侧排污渠，两侧各敷设污水管，收集暗渠内两岸沿线直排生活污水；可将现有渠箱用作污水通道，新建雨水通道。在区域污水管网尚未完善的情况下，首先在合流渠箱内敷设截污管，并进行混凝土方包处理（抗浮、防冲刷），将排入合流渠箱的污水进行截流；同时实施合流渠箱上游山溪水渠两侧的截污。

图4-5　合流渠箱改造案例——沙河涌支流

（2）排水单元达标建设，改善片区水质。在划分排水单元的过程中主要依据以下原则：划块不打破区、街道、社区行政区域，在社区以下再以主要排水单位为中心，以相对独立的排水系统和道路河流等现状分界线为边界，划成若干块排水单元，有明确的物业管理范围，如住宅区、工业区、开发区、科技园、旅游区、车站、场馆、写字楼等可划成一块，城中村、危旧房等特殊地区单独划成一块。

排水单元整治工作按照"轻重缓急、有条不紊、做完一片、达标一片"的原则，各区结合排水口整治工作，实施排水单元达标创建工作，逐步提高城市雨污分流比例。对不同类型建设分类，以相对独立的排水系统和道路、河流等现状分界线为边界，有针对性地进行治理。设施达标：红线内部排水设施完成错混接整改和雨污分流改造，复核公共污水设施收集能力，完善污水设施系统，补齐缺口，对单元内部情况进行细查，进行内部立管改造、错混接改造等，确保雨污接入无误；管理达标红线内部设施的权属人、管理人、养护人、监管人"四人"到位，按照"整改一个、验收一个、落实一个养护单位"原则，逐一整改，落实排水管网、污水处理厂、机关企事业单位、居民小区等排水设施的管理职能单位、监督管理单位。

（3）岸边带面源污染治理，削减水体污染。对碧道沿线水质欠佳的河段，在治理过程中，同步控制排污、减少面源污染，提升河道水质。同时针对排口存在近期溢流污染、远期初期雨水污染的情况，在现状条件允许的地方，将排水导入生物滞留设施，采用生物滞留、雨水花园等海绵措施，减少部分污染物，近期雨季可以净化部分溢流污染，远期减少初期雨水污染，减少对河道水质的影响。

（4）强化水源保护管理，保证水源地安全。强化管理饮用水水源保护区，依时序、依法清理保护区内违法建设项目、排污口、网箱养殖等。加强饮用水水源保护区规范化建设，在人类活动较频繁影响较大的一级水源保护区设置隔离防护设施，按要求在边界设立地理界标和警示标志。开展饮用水水源地环境状况评估和风险隐患排查整治，制订完善水源地突发事故应急预案，严控污染源，保障饮用水源水质安全。实现饮用水源地水质监测全覆盖，保证水质稳定达标。

（5）源头减排减少污染排放，规范实行垃圾分类。垃圾渗出液改变土壤成分和结构，破坏土壤的结构和理化性质，使土壤保肥、保水能力大大下降，其中含有的病原微生物、有机污染物和有毒重金属等物质在雨水的作用下被带入水体，造成地表水或地下水的严重污染，影响水生生物生存和水资源利用。源头减排必须规范实行垃圾分类，秉持"分而用之、因地制宜、自觉自治、减排补贴、超排惩罚、捆绑服务、注重绩效"的原则，树立垃圾分类的观念，改造或增设垃圾分类回收的设施，改善垃圾储运形式，实行家庭短期收集、定期分时段分类回收，从源头上减少对水体的污染。

减少化肥农药使用量。农药化肥的广泛使用，虽然对大幅提高农作物产量、满足人口快速增长对农产品数量的要求做出了重要贡献，但大量使用化肥、农药、除草剂会给农田造成污染，土壤污染沉淀后进一步对地下水造成污染，农田灌溉后造成二次污染，甚至威胁到农村饮用水源地水质。因此需要严格控制化肥农药的使用量，坚持农业绿色发展，进一步加大农业面源污染治理力度，坚持"源头控制、节能减排"的基本目标，保护农业饮用水源，完善化肥农药施用体制，加大监督执法力度，变"软法"为"硬法"，从生产、施用等环节进行全面监管，引导使用。

推进农村厕所革命。针对农村公厕"脏、乱、差、偏、少""如厕难"的问题，在碧道建设过程中同步推进"厕所革命"，将其作为增进农村民生福祉的重要任务来抓，坚持问题导向，统筹考虑农村生活污水治理和厕所革命，在具备条件的地区一体化推进、同步设计、同步建设、同步运营，全力推进乡村公厕的升级提质工程，认真解决老百姓的"如厕"问题，努力补齐影响村民生活品质的短板，在改善水环境的同时配套碧道建设形象。

规范碧道周边养殖场。畜禽养殖场的污水主要来自生活污水和生产污水：生活污水来自职工食堂和浴厕；生产污水来自畜禽粪污和清洗废水，是养殖生产过程中最大的污水源，粪污量大极易对环境造成污染。对畜禽规模养殖场进行标准化改造，配置自动喂料、自动饮水、环境控制等现代化装备，建设雨污分流、暗沟布设的污水收集输送系统和储粪场、污水储存池。推广干清粪、雨污分流、固液分离等技术模式，控制养殖污水产生量。

（6）利用海绵设施进行过程阻断。强化海绵城市"渗、滞、蓄、净、用、排"在水环境治理措施中的作用，充分发挥原始地形地貌对降雨的积存作用，充分发挥自然下垫面和生态本底对雨水的渗透作用，充分发挥植被、土壤、湿地等对水质的自然净化作用，使城市像"净化海绵"一样，对雨水具有吸收、释放、净化的功能，能够弹性地适应环境变化和应对自然灾害，着力改善城市水生态环境，构建良性水循环系统，让城市更加绿色、生态、宜居。

四、水生态保护与修复

（1）强化水源涵养区保育，建设绿色生态安全屏障。加强水源涵养区的生态保护，依法严肃查处违法采伐水源涵养林，加大生态公益林的保护和低效林改造力度。以国家级和省级水土流失重点防治区为重点，以封育保护为主要措施，强化重要江河源头区和重要水源地范围的水土流失预防，发挥生态自然修复能力。开展清洁型小流域建设，加强森林碳汇工程建设。珠江三角洲地区做好人为水土流失防治，强化城市水土保持监督管理。

（2）保障河湖生态流量，实现生态扩容提质。根据河湖水文水资源特性和生态环境需求，考虑不同时间尺度量化河道内生态流量，编制实施主要江河水生态调度方案，分期分批确定全市主要江河湖库生态流量（水位）新建拦河建筑物设计时需布置的生态流量泄（放）水设施或通过利用其他设施以兼有生态流量泄（放）水功能，采取闸坝联合调度、生态补水等措施，优化调度运行管理，合理安排下泄水量和泄流时段，保障河流生态流量。在基流不足流域要积极实施中水回用，切实增加河道生态流量。开展绿色小水电建设，逐步落实已建、在建水利水电工程生态流量泄放设施，保障河道生态流量。开展生态流量监管工作，建立健全生态流量监测预警机制。

（3）加强河湖水系连通，构建绿色生态水网。按照山水林田湖草系统治理的要求，因地制宜、集中连片地开展江河湖库水系连通工程建设，建立江河湖库水域之间的联系通道，增强径流调蓄能力和供水调配保障能力，重点推进番禺、南沙水系连通工程，建设岭南水系网络。以重点河涌河道为主干廊道，以大小河涌为连通网线，以星罗棋布的湿地公园及其他各类自然生态资源为节点，构建立体绿色生态水网。加强水网生态廊道建设，完善多源互补，实现跨流域、区域互联互通。推进城市中心城区河涌水系连通，恢复河涌、坑塘、河湖等水体自然连通。

（4）保护河湖水系自然生态，营造美丽大地景观。保持自然原生环境的荒野特质，景观设计融入自然保护与修复理念，使河流成为人接触自然的最佳通道。保持河道沿线地形地貌的自然形态，保障生态系统完整性，加强地质遗址保护，突显山体线自然景观。尽量保持河道的自然蜿蜒形态，保障水体的连通性和流动性，充分考虑不同河段的流量大小、流速快慢、水面开合等环境条件，结合观赏需求，营造多样化河流景观。注重原生自然植被和名木古树保护。以生态修复为主的河道，应尽量保留原生植被，优先选择乡土树种，不宜采用观赏性树种；以观赏游憩为主的河道，可采用观赏性较强的乡土植物，重要节点可结合植物季相变化合理配置植物。根据野生动物及其栖息地状况调查、监测和评估结果，实行分类分级保护，及时恢复和提升野生动物生存环境，禁止违法猎捕野生动物和破坏生态栖息地。

（5）加强岸边带生态修复，构建河流生态缓冲带。维持河湖及河口岸线自然状态，禁止缩窄河道行洪断面，统筹防洪、通航等要求，避免裁弯取直。保留和维持河流自然状态的江心洲、河漫滩等独特地貌，避免将河湖底部平整化，维持自然的深水、浅水等区域，加大退耕还湖、还湿力度，维护岸边带生态多样性。对于有通航要求的河道，岸边带生态修复应不影响通航条件。逐步实施硬质岸线的生态化改造，提高水体自净能力，为鱼类、鸟类、两栖动物提供栖息场所。划定河湖生态缓冲带，与河湖水域、河滩地等共同构建自然生态廊道，优化生态系统结构。

表4-1　据相关研究成果归纳的生物保护廊道适宜宽度

宽度值	功能及特点
3 ~ < 12	廊道宽度与草本植物和鸟类物种多样性之间的相关性接近于零，只能满足保护无脊椎动物种群的功能
12 ~ < 30	对于草本植物和鸟类而言，12米是区别线状和带状廊道的标准。在12米以上的廊道中，草本植物多样性平均为狭窄地带的2倍以上，12~30米（不含30米）能够包含草本植物和鸟类多数的边缘种，但多样性较低，只能满足鸟类迁移，保护无脊椎动物种群，保护鱼类、小型哺乳动物
30 ~ < 60	含有较多草本植物和鸟类边缘种，但多样性仍然很低；基本满足动植物迁移和传播以及生物多样性保护的功能；保护鱼类、小型哺乳、爬行和两栖类动物，30米以上的湿地同样可以满足野生动物对生境的需求；截获从周围土地流向河流的50%以上沉积物；控制氮、磷和养分的流失；为鱼类提供有机碎屑，为鱼类繁殖创造多样化的生境
60 ~ < 100	60~100米（不含100米）对于草本植物和鸟类来说，具有较大的多样性和内部种，满足动植物迁移和传播以及生物多样性保护的功能；满足鸟类及小型生物迁移和生物保护功能的道路缓冲带宽度；是许多乔木种群存活的最小廊道宽度
100 ~ < 200	此宽度值是保护鸟类、保护生物多样性比较合适的宽度
200 ~ < 600 600 ~ < 1200	此宽度值能创造自然的、物种丰富的景观结构；含有较多植物及鸟类内部种，通常森林边缘效应为200~600米宽，森林鸟类被捕食的边缘效应大约范围为600米，窄于1200米的廊道不会有真正的内部生境；满足中等及大型哺乳动物迁移的宽度从数百米至数十千米不等

备注：该表为北京大学俞孔坚教授根据不同学者提出的河流生态廊道适宜

宽度值的规律所制作。当河流型生态廊道宽度大于 30 米时，能够有效地降低温度、增加河流生物食物供应、有效过滤污染物；大于 60 米时，能较好地控制沉积物及土壤元素流失；大于 100 米时，是保护鸟类、保护生物多样性比较合适的宽度。

（6）保护水生生物栖息地，维持河流多样生态。加强重要湿地、国际候鸟迁徙停歇越冬栖息地等自然保护地建设，依托主要水系构建水鸟生态廊道空间格局。保护和恢复河口地区红树林，提高生物多样性。加大野生鸟类、珍稀、特有和重要经济鱼类及其栖息地保护力度，重点保护鱼类"三场"资源，开展已建水利水电工程对鱼类洄游的阻隔影响及恢复措施研究、水生生物生态需水研究。建立一批土著水生生物特种原种场、水生生物增殖放流中心，实施人工增殖放流、灌江纳苗等修复措施，开展产卵场修复工程、水生生态系统修复工程和大水面生态渔业示范工作。在生态破坏严重的大中型水库实施水生态治理与修复项目。

五、景观与游憩系统构建

（1）以自然为美，让河湖水系成为流经城镇的自然之窗。坚持以自然为美，依托河流构建城内人居系统与城外生态系统相互连通的生态网络，把好山好水好风光融入城市。保护河湖水系及沿线山体、林地、农田等自然景观要素和地形地貌的原生形态，保持河道自然蜿蜒的形态，保障水体的连通性和流动性；充分考虑不同河段及水动力等自然条件，保护原生动植物群落；通过构建河流自然生态廊道串联沿线零碎绿地、公共空间，使碧道成为展现大自然的景观之窗，成为人接触、感受、融入自然的最佳通道，同时保护生物多样性。因地制宜提升河流环境品质，对位于乡野地区、以生态修复为主的碧道，尽量保留原生植被，减少人类干扰，避免过度"景观化"设计；对位于城镇地区、以观赏游憩为主的碧道，充分保护古树名木和动物栖息地，结合季相变化，采用兼顾安全和观赏性的乡土植物丰富景观层次，营造人与自然和谐的景观环境。

（2）注重水文化资源保护利用，彰显地域文化特色。在满足防洪前提下，充分挖掘与活化利用水文化资源，提升碧道的文化内涵。对河湖水系的历史文化，包括古水利工程、古水道航运设施、近现代工业设施等，以及因水而生的宗教和民俗等文化资源，在碧道景观营造和文化休闲设施建设中加以利用和赋予创意，塑造成为展现地域历史文化的休闲景观，以体验式、互动式和观赏式等形式彰显地域水文化特色。在大湾区等人口密集的城市滨水地区，强化碧道的文化、运动、休闲旅游等功能，结合碧道建设为群众提供滨水公共运动场所，鼓励群众开展划龙舟、皮划艇等水上运动，在碧道重要节点可建设小型文化休闲设施，增添水岸魅力，推动公众休闲、运动文化新风尚。

（3）梳理河湖主体特色、打造重点河段，促进城镇转型升级。在广州二千多年的历史发展中，人民逐渐形成了亲水爱水、兴水用水、治水防水、管水护水的思想理念、风俗习惯和生产生活方式，积累了内涵深厚、源远流长、博大精深的珠江水文化。广州市碧道遵从自然、融合文化，全面系统地梳理了广州珠江水系生态特征、历史人文演变、周边天然资源等，提炼出重点河湖水系的主题特色，重点打造：通山达海线、广佛高质量发展线、城央环岛线、田园风光线等，讲河湖水系流淌伴生的文化故事、述说广州故事，彰显河湖特色。

同时在建设过程中，打造河湖主题特色应结合古河道区域的用水、治水工程及名人轶事，展现现代河流特色用水、治水工程、治水先进事迹、流域文化、河湖魅力。充分利用古桥、古码头、古渡口、古河道、古堤坝、古水陂、古建筑等古水利工程，建设碧道景观节点，通过文化艺术性展示重点历史水利工程并进行水利科普教育。

以水系为核心，结合城镇、乡村发展建设特点，通过不同河段塑造碧道主题，建立不同区域的水系整体功能特色布局。综合考虑水系沿线的自然生态、历史文化、城乡建设、经济发展、水利功能提升等要素，选取具有重要区域价值和城市功能的河段，建设主题丰富多元的碧道河段。鼓励各区打造重点碧道，详细设计碧道建设，营造重点河段特色空间，重点关注特色自然生态、历史人文、城市功能节点（如城市地标、桥梁等），建设河湖魅力场所，提升人居环境，打造满足本地居民健康休闲和区域旅游游憩需求的好去处。

（4）以线串点，串联河湖沿线特色资源，缝合城市公共空间。以水为纽带，促进山水、文化、旅游等资源的整合，串联河流沿线特色资源，通过打造蓝绿结合的生态特色空间，建设彰显文化自信的特色空间，串联城乡节点的功能特色，通过碧道建设串联成网，引导城镇居民沿着碧道到郊野、乡村、景区、景点休闲游憩，推动碧道与城市发展、乡村振兴、全域旅游等的结合，助推乡村地区绿色经济发展，提升欠发达地区居民的收入，缓解区域发展不均衡、不协调的矛盾。本次广州碧道共串联全市大型生态绿地斑块 32 处，串联传统村落、文物古迹、大型公建、特色小镇、历史文化名城名镇、公园 6 类 220 处。重点打造生态、文化、功能特色的空间。

打造蓝绿结合的生态特色空间。在严格保护碧道沿线自然保护区等重要生态空间基础上，以碧道为生态廊道，串联沿线区域风景名胜区、森林公园、湿地公园、滨水绿地、城市公园等生态要素，构建与生态要素紧密对接的蓝绿生态网络，形成节约资源和保护环境的景观空间格局。规划流溪河碧道并串联流溪河水库、黄龙带水库、九湾潭水库等北部重要饮用水水源保护和五指山森林公园、云台山森林公园、风云岭森林公园等重点生态绿地；规划增江碧道并串联百花林水库、增塘水库等东部重要水源保护区以及沿线自然保护区等生态空间，强化对自然生态和水源涵养的保护。规划广佛碧道的高质量发展并串联同大夫山、滴水岩森林公园、十八罗汉山森林公园等重要生态斑块，强化水土流失管控。规

图4-6 广州市碧道沿线资源串联图

划狮子洋—虎门水道碧道并串联莲花山风景名胜区、黄山鲁森林公园等
自然景观。

建设彰显文化自信的文化特色空间。深入发掘碧道及其沿线区域历史文化，以碧道沿线历史名城、名镇、名村、历史街区、文物保护单位、工业遗址等为文化载体，建立碧道与文化要素之间的联系。梳理各江湖水系自古以来的人口迁徙、商贸往来、文化传播等方面的变迁，打造反映岭南地域特色的碧道文化主题。以碧道为媒介，举办各类文化活动，推动碧道沿线文化资源保护，塑造以水为轴，底蕴深厚，内涵丰富的多元文化廊道。

构建串联城乡节点的功能特色空间。依托河流水系联系各级城乡居民居住点及公共空间，使之便于周边群众使用；连接自然景观及历史文化，体现地域特色。结合博物馆、文化馆、科技馆、体育场馆、市民广场、公园等公共开敞空间，梳理自然景观节点和历史景观节点布局，依托慢行系统、城市综合交通，结合湿地公园建设、城市更新、工业遗址等，强化碧道与沿线功能特色空间的衔接，串联城镇重要的公园、广场、大型公共建筑等，把它打造成为人们美好生活好去处。结合广州南沙自贸区重点发展平台，广深科创走廊重点创新区域，依托重点平台和创新区域周边的水系进行碧道建设，同时提升其发展品质。

（5）策划四片多条碧道特色主题游径，述说"广州故事"。参照波士顿"自由之路""翡翠项链"的经验及做法，以碧道沿线的历史文化、生态资源、公共活动空间为基础，综合考虑资源位置、文化特色、生态效益、交通条件、建设条件等，策划了四片多条碧道主题特色游径，形成了一批最能体现"广州味道"的文化资源、生态资源、活动空间，述说广州故事，展示广州魅力。具体如下：

①北部：古驿商圩线，286千米。借道滨水古驿道空间，打造河畔古圩古道线，主干路径沿流溪河，支线沿白坭河、铁山河、潖江展开，梳理流溪河畔沿河分布的古圩市资源，唤起古时乡镇商贸记忆，包括历史建筑13处，文物83处，自然资源节点5处，美丽乡村4个，传统村落1

个，古道沿线历史遗存主要为明清时代。塑造"历史体验＋自然休闲"的户外线路，促进乡村空间的美化活化，带动乡村艺术事业发展，将乡村打造成为世人关注的观光目的地。

②中部：城央组合线 145.3 千米。主要包括城中央 6 条特色主题碧道。红色印记线 16.5 千米，主要沿新河浦碧道及东濠涌碧道，包括团一大广场、农讲所、东山湖、新河浦等红色历史遗址，回溯岭南革命策源地，讲述红色文化历史；珠水丝路线 26.1 千米，主要沿珠江前航道—串联沙面—海珠广场—二沙岛—大元帅府等，可以观摩珠江两岸近代雄伟建筑，展示广州作为海丝之路主港的辉煌历史；湿地风光线 12.6 千米，主要沿海珠湖碧道、海珠湿地碧道，海珠湖、海珠湿地、小洲村、瀛洲生态公园等，感受城中央最美自然生态；黄金水道线 38.7 千米，主要沿珠江前航道天河段、猎德涌、琶洲涌、黄埔涌等，串起珠江新城、国际金融城、琶洲互联网集聚区等城市重要经济产业片区；工业拾遗线 18.2 千米，主要沿珠江后航道碧道，串起信义会馆、太古仓、广州商务港、广钢遗址、广船遗址等，见证广州近现代工业的奋斗历程；科创环岛线 33.2 千米，主要沿生物岛环岛碧道、大学城环岛碧道，串起生物岛、大学城环岛。

③南部：海丝记忆线 218 千米。主要沿黄埔航道、狮子洋水道、虎门水道—河两岸展开，挖掘黄埔古港古驿道历史文化与珠江古水道相结合，再塑海丝之路历史景观，形成沿珠江出海航道的古道游览线路，串联古桥码头、碑刻等遗址 1 处，历史建筑 3 座，文物 24 处，自然资源节点 5 处，美丽乡村 1 座，传统村落 5 座。包含沿黄埔航道—狮子洋水道—虎门水道的古水道线路，沿沙湾古水道线路，沿上横沥—下横沥的潭州古水道线路等。塑造"历史体验＋滨水运动＋自然休闲"的户外路径。

④东部：田园风光线 135 千米。借助增江—东江北干流沿线优良的生态资源和田园风光，塑造东部田园观光线，同时结合东江古水道线路，

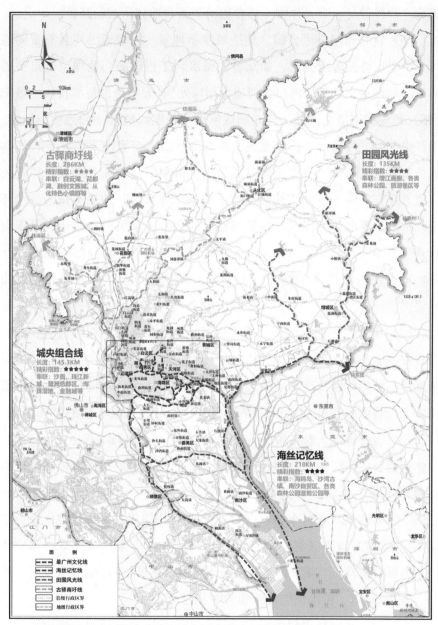

此图底图来源于广东省自然资源厅官网广东省公共地图服务平台标准地图审图号：粤S（2022）059号

图4-7　广州市碧道沿线滨水游线策划图（2035年）

塑造"户外健身+观光休闲+体育运动"等自然休闲运动路径。

（6）优化布局碧道公园，塑造城乡新地景。在碧道沿线具有重要意义的景观点建设碧道公园，如结合大型水利工程设施、地理位置重要的河段（如河道交汇处、河口、河道大拐弯处）、大型跨河桥梁桥头、城市（镇）地段的河道交汇处、江心洲或河漫滩较宽阔地区（如流溪河上游、增江中上游、白坭河、沙湾水道、洪奇沥水道、李家沙水道）等，使其成为碧道沿线的重要节点，同时成为水上游憩活动的服务基地。碧道公园应选在有条件地区，使其形成独立的生态保育区，加强水资源、水环境、水安全等水利工程设计与景观设计的融合，采用近自然化的景观设计理念与手法，彰显当地特色的水文化，并与本地社会经济有良好的互补。重点开展珠江主干起点（鸦岗村）、珠江口（海鸥岛）碧道公园建设。

（7）完善便民配套设施，提升碧道休闲惠民品质。在碧道沿线配套建设便民服务设施、安全保障设施、环境卫生设施、照明设施、通信设施和停车场等。以共建共享的理念优先利用周边500米现状配套服务设施。无现状设施条件的需结合绿道和古驿道的驿站，堤内的城市公园、城市公共服务设施、农村居民点、景点服务区等设置配套服务。

配套服务系统主要为市民提供信息咨询、休闲游憩、康体活动、商品租售、医疗救助、安全保卫、管理维护等服务。包括便民服务设施（售卖点/贩售机、自行车停靠点等）、游憩休闲设施（活动场地、休憩点等）、科普教育设施（解说设施、展示设施等）、安全保障设施（治安消防点、医疗急救点、安全防护设施、无障碍设施等）、环境卫生设施（厕所、垃圾箱等）、供水供电设施和照明设施。

在碧道公园内利用河漫滩、荒草地、盐碱地等未利用土地规划建设小型足球场、篮球场等体育运动和儿童游乐、群众健身康体等设施，因地制宜结合不同类型碧道配置小广场、小卖部、售卖点/贩售机、小型停车设施、自行车停靠点、公厕、垃圾收集设施、治安消防点、医疗急救点、安全防护设施等，并设置统一标识系统，满足人们游憩时的基本需求，提升碧道公园的便民性、舒适性。碧道公园建设应充分利用现有场地和设施基础，不宜过度设计和建设。

碧道范围内布设停车场应遵循《广州市停车场条例》（2018年10月1日起实施），规划停车场的建设，规范停车场的使用和管理，引导公众绿色出行，支持和鼓励社会力量投资建设公共停车场。

六、推进高质量滨水经济带

（1）以线带面，带动周边产业片区，推动高质量发展。随着碧道的建设，水岸地带将成为当地富有吸引力的场所，以此线性开敞空间作为城市触媒，在城市地区联动交通基础设施和公共服务设施建设，在乡村和郊野地区联动全域旅游、乡村振兴，政府引导、市场发力，倒逼产业结构转型、用地结构调整、居住条件改善、服务功能升级，推动沿线休闲游憩设施、文化消费设施、交通和市政设施建设、旧工业区与城中村更新等，达到生态流域优美环境、综合利用空间、产业转型升级、激活流域价值的发展目标，推动形成高质量发展的滨水经济带。

带动全市4类85片产业园区。包括空港国际物流园区、龙穴岛航运物流服务集聚区等高端枢纽物流区3片；天河中央商务区、第二中央商务区、广州民间金融街、中大国际创新谷、海珠湾滨水区、万博商务区、蕉门河中心区等现代服务业集聚区36片；天河软件价值创新园、海珠琶洲互联网价值创新园、广州国际生物岛价值创新园等13片园区；国际健康产业园区、广州高新区、南沙民主科技城等先进制造业产业基地33片。

推动水岸沿线三旧改造、文旅发展和乡村振兴。加快批而未供、闲置土地和低效建设用地处置，加快城中村、村级工业园区升级改造，推动碧道建设与沿线基础设施、公共服务、产业发展的对接，推动碧道与旧城更新战略的高效联动；结合广府文化、珠江文化等形成具有特色的乡村康养社区、康养小镇、康养民宿，培育水上旅游，打造与港澳联动发展的健康养生、旅游度假、休闲观光基地，推动水岸文化旅游发展；大力实施沿线农村风貌改造、农房改造等重点工程，推进"三清理三拆除三整治"行动，有序开展"垃圾革命""污水革命""厕所革命"，全面提升农村人居环境现状，实现与乡村振兴战略的深度融合。

（2）导入新兴产业要素，打造"碧道＋"产业群落。突出综合治理，实现多元素融合。突出生态优先、安全优先、骨干优先，实现"碧道＋黑臭治理""碧道＋堤防整治""碧道＋文化传承""碧道＋全民运动""碧道＋口袋公园""碧道＋乡村振兴""碧道＋产业群落"等多元素融合，统筹治水治岸治城，助推碧道发挥多重效益。建立碧道沿线污染企业退出机制，将污染落后产业淘汰退出，建立企业有偿退出机制，有序推动现有滨水岸线提档升级，整治沿线码头和工业产生的船舶污染排放，推动产业向绿色化、优质化、品牌化发展，促进传统水上旅游服务业转型升级，推动传统涉水型服务业转型升级，丰富水上观光方式，提升水上观光体验质量。

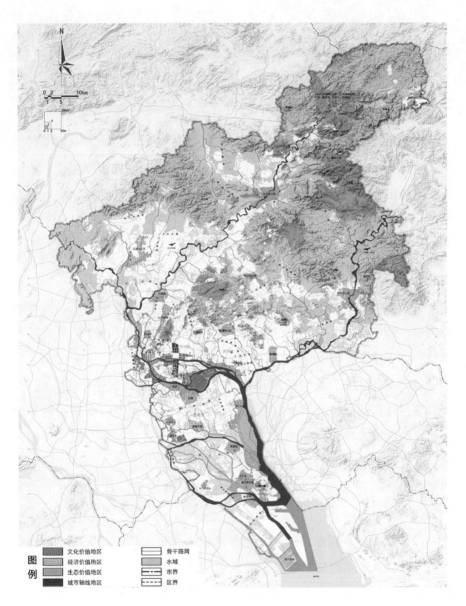

图 4 -8 广州市碧道沿线价值区域分布图

第三节　碧道布局选线方法

　　广州市内河流河涌众多、水系发达、河网密布，大小河流共 1368 条，总长度 5092 千米。并非所有的河流都叫碧道，因此需要在众多的河流中筛选出哪些适合开展碧道建设，进行碧道建设适宜性评估研究，总结广州市碧道布局选线的方法。

一、总体布局选线原则

　　广州市千里碧道建设总体布局选线原则坚持保护基础基底、展现自然山水、满足游憩需求、融合特色资源，充分利用已在治理的黑臭河涌水体和滨水绿道基础，并统筹考虑各区建设意愿，开展碧道路径选择。

　　（1）保护生态基底，统筹山水林田湖草。碧道选线坚持生态优先，要严格避让自然保护区核心区与缓冲区、饮用水水源地一级保护区等禁止建设的区域，避让坡度大、地质灾害易发等不具备工程建设条件的区域，在满足生态条件基础上，尽可能地展现广州山、水、城、田、海的自然风光，以流域统筹自然资源系统保护，统筹山水林田湖草的系统治理。

　　（2）满足人群需求，体现共建共享理念。碧道选线以人为本，以服务于人民群众亲水游憩、远足自然的健身休闲需求为目标，选择在人们日常生活圈及节假日出行范围内的水系沿线开展碧道建设，打造本地宜居休闲游憩好去处和区域旅游休闲好去处。

　　（3）串联特色资源，挖掘城市价值片区。碧道选线坚持统筹联动，通过串联风景名胜区、森林公园、湿地公园、旅游景区、地质公园等特色生态资源，历史街区、历史文化名城名镇名村、文物保护单位等特色历史人文资源以及城市重要公共空间、重要发展平台、城市新区、自创区等城市功能要素，带动沿线城乡建设、旅游、产业等综合发展，挖掘和促进城市价值片区。

（4）结合地方意愿，因地制宜选择路径。充分考虑地方建设意愿，结合实际建设条件，尤其是至2025年之前碧道建设选线，充分考虑各区诉求，并结合利用已有黑臭河涌整治和滨水绿道基础，因地制宜选择路径，在197条已整治的黑臭河涌两岸恢复人行通道及绿化，建设192千米基本标准的都市型碧道，在已有735千米滨水绿道基础上，通过消除阻断点、修复破损路面、完善安全设施等工作，达到基本标准碧道要求。

二、碧道布局选线的九类评价要素

在四项选线原则的基础上，细分为生态底线、水质、生态质量、堤防安全、人群活动、公共服务、历史文化、自然资源、城乡发展等9类评价要素和23个评价指标，通过不同指标体系的叠加，将河流分为适宜、一般适宜和不适宜三类，选择适宜的河流作为碧道的规划建设。该技术框架限于前期对碧道内涵理解有限，因此所选取的要素类和指标体系不完全符合碧道选线的需求。此外，由于选取的指标过多，且阈值设定主观性较强，因此在科学性方面有待改进。

表4-2 前期选线研究技术指标体系

目标指向	要素	指标	适宜	一般适宜	不适宜
水生态保护	生态底线	自然保护区核心区域缓冲区	—	—	√
		饮用水源地一级保护区	—	—	√
	水质要素	水功能区划水质分类	IV 类及以上	V 类	劣五类以下
	生态系统服务重要性	水源涵养	水源涵养能力越高，越不适宜碧道建设		
		土壤保持	土壤保持能力越高，越不适宜碧道建设		
		生境质量	生境质量越高，越不适宜碧道建设		
		固碳释氧	固碳释氧能力越高，越不适宜碧道建设		
水安全保障	堤防要素	堤防安全分级	安全	一般	不安全
水岸空间品质	人群活动聚集	常驻人口热力	20 人/公顷	—	—
		创新要素	<800m 缓冲区	—	—
		重要公共服务设施范围	<800m 缓冲区	—	—
	公共服务空间	城市公园服务范围	<800m 缓冲区	—	—
		城市广场服务范围	<800m 缓冲区	—	—
水岸特色打造	历史文化特色	历史文化名城名镇名村	<500m 缓冲区	—	—
		文物保护单位	<500m 缓冲区	—	—
		历史文化街区	<500m 缓冲区	—	—
		传统村落	<500m 缓冲区	—	—
	自然资源要素	森林公园	5 千米	—	—
		风景名胜区	5 千米	—	—
		地质公园	5 千米	—	—
		湿地公园	5 千米	—	—
		A 级景区	5 千米	—	—
水陆综合	城乡发展空间布局	土地利用总体规划	适宜建设区	有条件建设区	限制建设区，禁止建设区

三、分步实施的碧道布局选线方法

第一步是基于开源数据筛选出满足人群休闲游憩需求的河流。通过网络数据抓取常住人口活动的热力数据、手机信令数据、两步路人群慢行数据、大众点评拍照打卡数据等行为轨迹，识别城镇区内人群日常休闲活动范围区域内覆盖的河流；通过对人口行为数据梳理分析，对河流

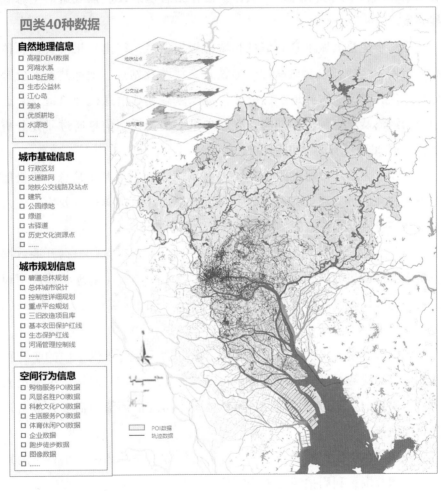

图 4-9 广州市碧道选线分析示意图

周边特色资源点的服务范围进行划定，识别出指向特色资源点的人群游憩活动范围区域内覆盖的河流，综合上述两个范围的识别来设计满足人群休闲游憩需求的河流分布。

第二步是在筛选出满足人群休闲游憩需求河流的基础上，规避生态底线要素。首先通过坡度和地质灾害点进行工程可行性分析，识别岸边不具备建设条件的河流；其次是根据相关法律法规，将自然保护区核心区与缓冲区、饮用水水源地一级保护区作为碧道建设应该规避的生态底线要素。

第三步是叠加城市基础信息和城市规划信息，得出广州市碧道总体布局结果。结合城市交通路网、地铁公交线路及站点、地标建筑、公园绿地、现状绿道、古驿道、历史文化资源点等基础信息梳理出适宜碧道建设的河流及重点河段。同时，叠加广州市相关规划信息通过研究分析支撑碧道2000千米路径识别和布设。

广州市碧道建设通过抓取4类40种5万余条城市基础信息、手机信令数据和人群行为轨迹，建立数字化流域模型，甄别具有重要生态、人文、经济价值的水岸空间，助力流域三生空间布设。

（1）识别人群休闲游憩活动需求。识别人群集聚区。根据开源数据分析人群活动热力数据，通过土地利用现状变更调查中的现状建设用地进行交叉验证，以人口密度大于20人/平方千米的区域作为人群集聚区，人群集聚区范围内覆盖的河流选为碧道。

识别人群慢行出行距离。通过网络爬取两步路户外助手中的骑行路线和步行路线数据并进行密度分析，通过绿道线路进行验证，识别出人群慢行出行的空间范围，在慢行出行范围内覆盖的河流为需要开展碧道建设的河流。

识别特色资源点的服务范围。以特色资源所在的镇街为出行目的地统计空间范围，利用拍照打卡等定位数据分析各个资源点所在镇街与周边区域人流联系的空间关系，识别出特色资源点吸引游客的主要来源地，确定特色资源点可以辐射的空间距离，作为筛选串联特色资源点河流的重要依据。

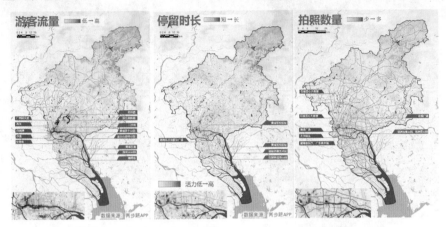

图4-10　广州市开源数据热力分析图

综上，将常住人口活动集聚区的河流、慢行空间覆盖的河流以及特色资源点辐射范围内的河流进行分析，识别出人群休闲游憩活动需求范围的河流。

（2）识别需要规避的生态底线要素。识别禁止建设活动的生态保护区域。根据《中华人民共和国自然保护区条例》和《中华人民共和国水污染防治法》相关条例，选择自然保护区核心区与缓冲区、饮用水水源地一级保护区作为生态本底，并将处在生态本底要素范围内的河流作为禁止建设碧道的河流。

识别不具备工程建设条件的区域。分别考虑坡度和地质灾害点两个方面进行工程适宜性判别，参考《水土保持法》和相关文献将坡度大于25度以及地质灾害高发点200米缓冲区内的区域作为不适宜进行工程建设的区域，处在该范围内的河流不建议进行碧道建设。

综上，以人群休闲游憩需求识别出的河流为基础，筛选出的不适宜建设区以及生态底线要素覆盖的河流。

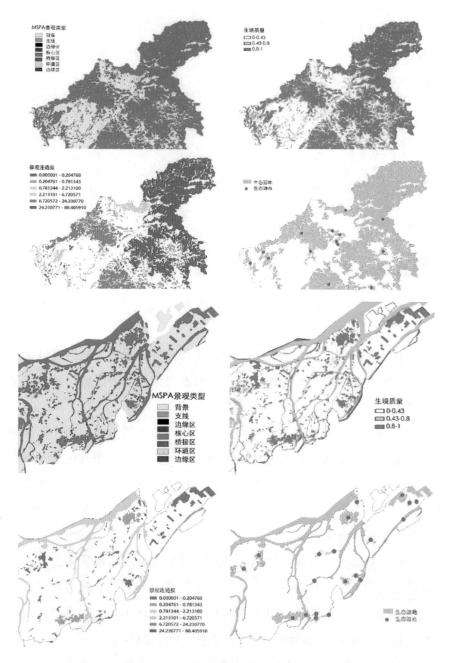

图 4 -11 识别生态保护区和不具备工程建设条件的区域示意图

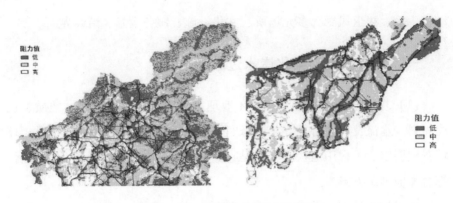

图 4 - 12　建设阻力区域示意图

区别于其他类型的开敞线性空间规划，那里的河流不需要创造性的挖掘和重建；但是河流又是最为复杂的线性空间，涉及全流域空间以及生态、安全、景观等诸多要素，因此选线工作需要紧扣碧道内涵，综合考虑与碧道规划建设相关的要素。此外，碧道线路的选择还需要进一步结合碧道建设的阶段性和地方建设意愿，全省选线的结果也可为地方碧道的选择提供参考。

第四节　碧道设计核心模块

从"单纯治水"到"综合治理"形成"江（涌）+滩+堤+径+岸+路+城"的多样空间组合，对水岸空间营造提出了更高要求，碧道建设应坚持生态优先，以人为本，重点服务城市市民和游客。根据不同功能、几何构成、空间划分和设施类型，划定水资源、水环境、水安全、水生态、景观与游憩 5 大设计类别，创造性提出十大重点设计模块，提供技术指导。

十大重点设计模块：堤岸护坡、游径空间、绿化配植、海绵设施、动植生境、碧道风廊、多元场所、文化设施、服务设施、沿线界面。

一、堤岸护坡：柔化岸水过渡带

（1）堤型选择应根据堤段所在地理位置、重要程度、堤址地质、筑堤材料、水流及风浪特征、施工条件、运用和管理要求、生态状况、环境景观要求、工程用地状况、工程造价等因素，经过技术及造价比较后，综合考虑确定方案。

堤岸护坡具有防洪安全、固土护坡、水土保持、缓冲过滤、净化水质、生态修复、改善环境、美化景观等功能，研究内容主要包括断面形式、护岸结构、护岸材质、固坡植物四大方面的要素。

碧道堤岸建设推荐堤岸断面形式、堤型及使用条件如下表所示：

表 4-3 碧道堤防建设推荐断面形式及堤型

断面形式	堤 型	使 用 条 件
斜坡式	单级斜坡堤	堤防高度小（高度不大于 4.0m）的情况。适用于乡野型、城镇型及需进行防护的自然生态型
	两级斜坡堤	使用条件广，一般堤防均可选用，选用时应结合河道水文、水流风浪条件、地基条件、滨水景观营造、游憩系统构建等因素，因地制宜地选取合适的形式，并可进行组合选用。适用于乡野型、城镇型
	多级斜坡堤	当堤防高度较大时可采用。适用于城镇型、都市型
	分离式岸堤	当堤防高度较大时可采用。适用于城镇型、都市型
	生态多级堤	适用于规划人口较多，用地条件高，经济条件好，对滨水景观要求高的新城区的新建堤防。适用于都市型

断面形式	堤　型	使　用　条　件
直立式	单级直墙堤	用地受限时使用。适用于乡野型、城镇型、部分都市型
	两级直墙堤	用地受限、冲刷严重、消浪要求高的堤段把直立堤改造为两级堤，但场地受限难以采用斜坡时
复合式		适用条件广，一般堤防均可选用，选用时应结合河道水文、水流风浪条件、地基条件、滨水景观营造、游憩系统构建等因素，因地制宜地选取合适的形式，并可进行组合选用。适用于乡野型、城镇型及部分都市型

（2）因地制宜地选择 3 大类护岸技术。护岸结构型式应遵循因地制宜、技术可靠、经济合理的原则，一般情况下，自然形态水岸无需刻意突出人工护岸（护坡）结构，宜在满足其稳定状态下保留其自然特征。常见护岸技术可分为刚性堤岸景观设计、柔性堤岸景观设计和刚柔结合型堤岸。

表 4 - 4　常见驳岸类型做法

堤岸类型		结构特点	适用碧道类型	优　点
刚性堤岸	自然型刚性：石笼	采用天然刚性材料或砖块干砌的生态堤岸，可以抵抗较强的流水冲刷	都市型、城镇型、乡村型	结构简单，实施简便，节省空间
	结合型刚性：砼＋砌石	在自然原型堤岸的基础上采用混凝土、钢筋混凝土等材料加强抗冲刷能力的一种新型生态堤岸型式	都市型、城镇型	坡度自然舒缓，水位落差小，水流平缓

堤岸类型		结构特点	适用碧道类型	优　点
柔性堤岸	自然型柔性：草甸入水	利用植物的根、茎、叶来固堤	乡村型、自然生态型	最接近自然状态下的河岸，生态效益最好
	改造型柔性：木桩	植物切枝或植株将其与枯枝及其他材料相结合	城镇型、乡村型	坡度自然，水位落差较小，水流较平缓
刚柔结合型	堆石型	种植植物的堆石将由大小不同的石块组成的置于与水接触的土壤表面	都市型、城镇型、乡村型	根系可提高强度。植被可遮盖石块。使堤岸景观设计外貌更加自然
	插孔型	与植物结合使用的插孔式预制混凝土块以连锁的形式置于岸底的浅渠中	都市型、城镇型、乡村型	具有人工结构的稳定性和自然的外貌。见效快，生态效益好

石笼驳岸：适用于各种非硬质驳岸中小河流碧道，石笼网孔可采用 6 ×8 米、8 ×10 米、10 ×12 米，材质一般采用镀锌钢丝或混合合金钢丝，钢丝的抗拉强度≥350pa/mm²，石料粒径 80～150 毫米，粒径小于 80 毫米的不能超过 20%。

砼＋砌石驳岸：指用块石、砖、砼等砌筑整齐的几何形式岸壁，适用于防洪标准低于 50 年一遇的中小河流碧道。一般用作砼基础，在砌筑工艺上采取先四边坐浆砌，中间灌浆砌，然后用小型振捣器专人振捣的方法强化砂浆的密实度。堆石要牢固，石块间的缝需用小石块塞紧，并在外面用三合灰（水泥、白灰、麻头搅和而成）勾缝，以防湖水侵入岸

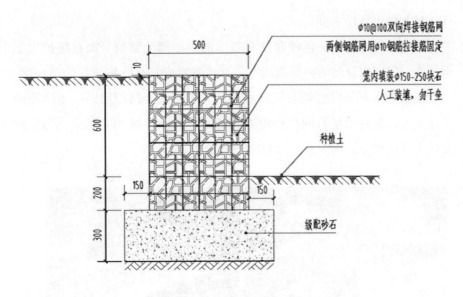

图4-13 石笼做法示意图

壁。在石块的后面填土夯实。

草甸入水驳岸：适用于湖面较开阔和水系坡度较缓的碧道沿线，通过削缓坡面，对河岸泥土进行碾压处理、铺设草甸或挺水植被，营造草甸入水，河岸的坡度应在自然安息角以内（自然安息角指散料在堆放时能够保持自然稳定状态的最大角度，一般黏土25%，砾石30%）① 让植物自然恢复生长，形成起伏、多样化的柔性水岸，打造南亚热带河涌柔性水岸。

松木桩驳岸：适用于水流冲刷较小、坡度较大难以营造草甸入水驳岸的碧道沿线，一方面满足挡土要求、一方面种植水生植物，松木桩外形需直顺光圆，小端削成30厘米长的尖头，桩头应离淤泥顶面0.6米左右，桩的布置可采用1~3排桩，排距可采用2.0~4.0米②。严禁使用沙

---

① 参考：《公园设计规范（GB 51192—2016）》
② 参考：《堤防工程设计规范（GB50286—2013）》

杆、杉木桩代替松木桩。

堆石驳岸：适用于各种非硬质驳岸的中小河流碧道。抛石防护生态型护岸一般利用自然的卵石或块石，自然抛置成具有防护效果的结构层，一般在抛石体下部设置袋装碎石和无纺土工布组合反滤层，阻止岸坡的土体流失，并利用抛石的自然缝隙保持水体与土体的相互涵养，为生物提供生存的空间，同时满足岸坡防护要求。

图4-14　主要护坡形式示意图

（3）鼓励采用原生态材料和生态型复合材料。生态堤岸营造应尽可能模仿自然岸线具有的"可渗透性"特点，同时符合工程要求的稳定性和强度。生态堤岸的多孔性和丰富的形式、有利于淤泥附着的纹理，使岸栖生物具有了适宜的栖息条件，从而为人工营造岸边水体中的湿地水生植物群落。

原生态材料：基本不经人工改造的生态材料，包括木桩、树枝插条、竹篱、干砌块石等。

生态型复合材料：经人工改造可与河道、河岸生态相融合的复合材料，包括混凝土预制构件、金属网格石笼、土工布垄袋等。

表 4 - 5　驳岸常用材料表

类型	材　料	景观与生态效果	适用场所
原生态材料	适当采用置石、叠石，保持沿岸土壤和植物	岸栖生物丰富，景观自然，保持水陆生态结构和生态边际效应，生态功能健全稳定	坡度自然舒缓，在土壤自然安息角范围内，水位落差小，水流平缓
	树桩、树枝插条、竹篱、草袋等可降解或可再生的材料	通过人为措施，重建或修复水陆生态结构后，岸栖生物丰富，景观较自然，形成自然岸线的景观和生态功能	坡度自然，可适当大于土壤自然安息角，水位落差较小，水流较平缓
生态型复合材料	石材干砌、混凝土预制构件、耐水木料，金属沉箱等	基本保持自然岸线的通透性及水陆之间的水文联系，具有岸栖生物的生长环境；通过水陆相结合的绿化种植，达到自然的景观和生态功能	适于 4 米以下高差，坡度在 70° 以下岸线，无急流的水体

（4）鼓励用固坡植物巩固稳定堤岸边坡。

新做堤岸边坡往往存在不稳定的现象，在植被固坡过程中，根系对稳固坡体、防止滑坡和崩塌起重要作用，同时对提高坡面表土抗侵蚀性也起着举足轻重的作用。

配置方法：采用灌、草混栽技术进行固坡。注意压实土壤，使保土植物的根系与土壤紧密结合，才能确保新栽植物成活。

推荐植物：香根草、莎草、刺槐等。

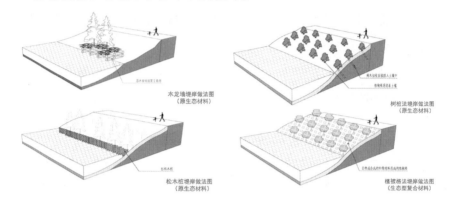

木龙墙堤岸做法图
（原生态材料）

树桩法堤岸做法图
（原生态材料）

松木桩堤岸做法图
（原生态材料）

植被格法堤岸做法图
（生态型复合材料）

图 4 – 15　生态材料 + 固坡植物堤岸做法示意图

（5）新建堤岸。①原则上采用生态堤岸做法，避免采用直立式硬质驳岸。新建堤型选择应根据现场条件、地质基础、水流及风浪特征、环境要求、工程用地状况、施工条件等因素综合考虑后确定，原则上新建堤岸需采用生态堤、多级堤等做法，尽量避免单级直墙堤的使用。

②乡野型和自然生态型碧道以缓坡型堤岸为主。缓坡型堤岸按照自然水岸的模式，运用自然界物质形成的坡度较缓的水系河岸。堤岸的坡度应在自然安息角以内，并对河岸的泥土进行压实处理。

参考做法：径流冲刷较强的区段，采用天然刚性材料或砖块干砌的生态堤岸，可以抵抗较强的水流冲刷。采用混凝土、钢筋混凝土等材料可加强抗冲刷能力。

参考做法：径流冲刷较弱的区段，设置石块与树枝、木桩等刚柔结合型堤岸，这种堤岸具有人工结构的稳定性和自然的外貌，见效快、生态效益好。

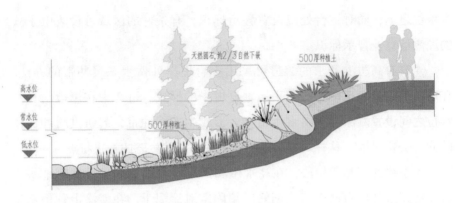

图 4 –16　缓坡型堤岸示意

③都市型和城镇型碧道可采用阶梯型堤岸。都市型和城镇型碧道根据防洪治涝标准和现场条件，可选择采用单级、多级斜坡堤，生态多级堤，阶梯型复合堤岸等，用浆砌石挡土墙和土工格式河岸，将堤岸沿经过改造的台阶式地形分级设置，台阶面可种植植物，也可作为休息或散步的场所。具体新建堤防推荐方案可参考《广东万里碧道设计与运维技术指引》（报批稿）

阶梯型堤岸参考做法：建造时台阶之间、石块之间不用砂浆，而是采用干砌的方式。这样可在台阶、石块间留出空隙。潮汐平台应设置在

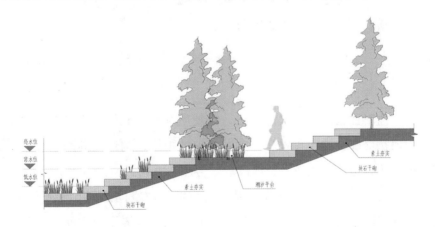

图 4 –17　阶梯型堤岸示意

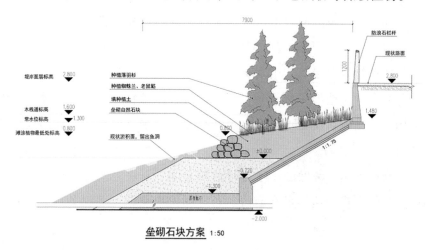

常水位之上；同时平台处应设置警示标识，有条件的区域可设置电子式的潮汐信息及警示标识。

④具有高防洪需求的碧道可采用垂直堤岸外做生态缓冲带的办法。在高防洪需求的区段，必须采用垂直堤岸的形式。可考虑在岸墙与日常水位之间设置滩涂，种植水生植物，形成生态缓冲带，起防洪缓冲作用的同时美化岸墙，具有人工结构的稳定性和自然生态的双重特点。

生态缓冲带参考做法：在高水位和低水位之间的间歇性裸露地带设置滩涂，最外层做挡土墙或钢筋砼箱固定滩涂泥土。在滩涂上种植水生或近水植物，如落羽杉、水杉等乔木，蜘蛛兰、老鼠簕等低矮植物。

图 4 - 18 堤岸外缓冲带做法示意图

（6）旧岸改造。

①因地制宜选择驳岸改造方法，化硬质堤岸为软性堤岸。旧堤改造应基于现状堤型、堤线布置、安全性、护坡护岸结构情况等因素综合确定采用"不改造、微改造、整体改造"等改造方式。

根据现状堤岸条件，可分为堤岸内陆域开放空间达到 6 米及以上，以及堤岸内陆域开放空间不足 6 米的两种情况。在堤岸内空间充足的条件下，尽量将垂直岸墙改造为缓坡或多级台阶的软性堤岸。在堤岸内空间不足的条件下，可在堤岸外的滩涂增加生态缓冲带[①]。

②都市型和城镇型碧道应结合周边居民活动需求，增加亲水活动空间和水文化历史节点。结合高低错落的台阶、平台及漫步道等亲水设施，传承城乡历史文化，提升河涌及沿河陆域功能，通过增设或加宽亲水平台以增强亲水性和游憩性，为居民的水生活创造丰富的空间。

③郊野型和自然生态型碧道提倡缓坡型做法，营造动植物生境。保留主河槽、河漫滩和过渡带等自然分区特征，同时保持一定河漫滩宽度和植被空间，为生物提供栖息生境。采用矩形或梯形断面的河道，应结合生态护岸、生态绿化等措施，为生物栖息创造有利条件。优先选取透水性强、多孔质构造的自然材料，为水生生物创造安全适宜的生存和生长空间。

④堤岸内空间充足的条件下，提倡将垂直岸墙改造为缓坡或多级台阶的软性堤岸。

堤岸内陆域开放空间达到 6 米及以上的条件下，尽量将垂直岸墙改造为缓坡或多级台阶的软性堤岸[②]。

参考做法：原垂直岸墙破拆至日常水位附近，增设亲水平台，墙外采用缓坡或台阶。

参考做法：原垂直岸墙 + 墙外土堤改造为多级台阶，增设亲水平台，直墙附属设施（如栏杆等）进行景观改造。

⑤堤岸内空间不足的条件下，提倡堤岸外增加生态缓冲带。堤岸内陆域开放空间不足 6 米的条件下，可在堤脚或堤岸滩涂地增设水生植物

---

① 参考：江河湖泊生态环境保护系列技术指南之《湖泊流域入湖河流生态修复技术指南》（环办〔2014〕111 号附件 5）

② 参考：江河湖泊生态环境保护系列技术指南之《湖泊流域入湖河流生态修复技术指南》（环办〔2014〕111 号附件 5）

种植区①。

参考做法：原垂直岸墙＋墙外滩涂根据岸墙外滩涂规模设置植物缓冲带，岸墙外立面美化装饰。在滩涂上种植水生或近水植物，如落羽杉、水杉等乔木，蜘蛛兰、老鼠簕等低矮植物。无滩涂的可采用浮排生境的形式软化堤岸。

参考做法：原垂直岸墙外立面美化装饰，采取去除淤泥，清洁岸墙的方法，并可在护栏外设置花槽。

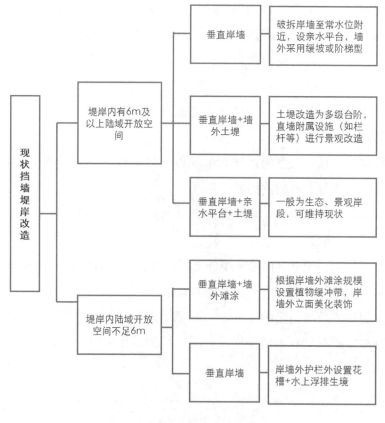

图 4-19　现状挡墙堤岸改造示意图

---

① 参考：江河湖泊生态环境保护系列技术指南之《湖泊流域入湖河流生态修复技术指南》（环办〔2014〕111 号附件 5）

二、游径空间：实现全面贯通

游径空间需因地制宜的结合碧道水岸系统中人对通行空间的各种需求去布设，优先确保碧道水岸空间贯通、连续、安全，方便居民亲水近水等多种慢行活动体验。

慢行道、跑步道、骑行道三种活动道路共同构成了游径空间的道路系统。其中漫步道以散步、闲逛、观光为主；跑步道以跑步、竞走、健身等为主，骑行道以自行车休闲活动为主。

（1）宽度与净空。

①满足净空要求、保证通行安全。步行净高依据人体基本尺寸确定。以男性平均身高1.70米为参照，行进中与路灯、植物或构筑物之间的缓冲高度为0.25米，游人集中场所树木枝下净空间应大于2.2米[1]，跑步道设置乔木用于遮阴，枝下净高应大于2.5米[2]。当实际净高空间低于标准，应设置相应的标识与缓冲设施。

骑自行车净高按1.8～2.0米计算，骑行时与路灯、植物或建筑物等的缓冲高度为0.25米，自行车骑行净空应控制在2.5米以上，当净空低于2.5米处，应设置相应的标识与缓冲设施。

②根据功能需求采用适宜的宽度设置。各游径推荐宽度见表4—6。单独设置的骑行道设计速度不宜大于20km/h，与跑步道合并设置时不宜大于15km/h[3]。骑行道与市政道路、其他慢行通道交叉口处，应保证线路转换的衔接顺畅，同时骑行道出入口处应加设禁止助动车的警示标志、

---

① 参考：《公园设计规范（GB 51192—2016）》

② 参考：《城市道路工程设计规范》（CJJ37—2012）和《黄浦江两岸地区公共空间建设设计导则》

③ 参考：《广东万里碧道设计与运维技术指引》和：《城市道路工程设计规范》（CJJ37—2012）

物理隔离桩、闸机等设施。慢行通道出现交叉的，应在交叉点上设置提示避让的标识和减速设施，通过线型变化、视线导引等减速设计，达到降速目的，并确立慢行优先的通行规则。

表 4 - 6　游径宽度推荐表

	推荐宽度 （单独设置）	最小宽度 （单独设置）	并行或 组合设置	控制时速 （km/h）	纵坡坡度 （%）
漫步道	3 ~ 5m	1.5m	跑 + 漫不宜小于 4m； 跑 + 骑不宜小于 5m； 二道并行总宽度不宜小于 3.5m； 三道合一最小宽度不宜小于 1.5m	—	—
缓跑道	3 ~ 4.5m	2m		—	≤8
骑行道	不宜小于 4m	2.5m		与市政道路结合，不宜超过 20km/h，滨江绿带内，不宜超过 15km/h	≤3

（2）六种形制。

①根据滨水空间的宽度，设置六种不同的碧道组合形制。碧道慢行空间根据漫步道、缓跑道及骑行道功能特点和空间关系，可以分为三道全分离、漫步道与缓跑道并行、缓跑道与骑行道并行、三道并行、二道并行、三道合一等 6 种形制。

形制一：三道全分离。

适用于滨水空间≥15 米的碧道沿线或原有漫步道、缓跑道、骑行道已分散布设的滨水区域。漫步道、缓跑道、骑行道之间建议采用绿化进行隔离，漫步道应临江布设。

图 4 –20　形制一：三道全分离

形制二：漫步道与缓跑道并行。

适用于滨水空间≥10 米的碧道沿线或原有漫步道、缓跑道已并行设置的滨水区域。骑行道与缓跑道之间建议采用绿化进行隔离，漫步道应临江布设，漫步道与缓跑道并行设置时，总宽度不宜小于 4 米。

图 4 –21　形制二：漫步道与缓跑道并行

形制三：缓跑道与骑行道并行。

适用于滨水空间≥10米，临水行空间受限的碧道沿线或原有缓跑道、骑行道已并行设置的滨水区域。漫步道与缓跑道之间建议采用绿化进行隔离，缓跑道与骑行道并行设置时，总宽度不宜小于5米，且需做物理隔离。

图4-22 形制三：缓跑道与骑行道并行

形制四：三道并行。

适用于6~10米宽碧道滨水空间或原有漫步道、缓跑道、骑行道宜并行。设置；漫步道应临江布设，缓跑道与骑行道之间宜设置物理隔离，三者并行总宽度不宜小于5.5米。

图4-23 形制四：三道并行

形制五：二道并行。

适用于 4 ~ 6 米宽碧道滨水空间或原有漫步道、缓跑道、骑行道已局部并行设置，可根据现状条件和需求，采用漫步道与骑行道并行或漫步道与缓跑道并行设置，禁止取消漫步道采用缓跑道与骑行道并行模式，漫步道与骑行道之间需设置物理隔离，二道并行总宽度不宜小于 3.5 米。

图 4 - 24　形制五：二道并行

形制六：三道合一。

适用于滨水空间 ≤ 4 米的碧道沿线。三道合一多以漫和缓跑道功能为主，可不设置骑行功能或借用周边市政路设置划线骑行，三道合一最小宽度不宜小于 1.5 米。

图 4 - 25　形制六：三道合一

（3）竖向及标识。

①坡道平整防滑、保障通行安全。跑步道采用坡道，坡面应平整、防滑，平纵线形宜结合地形设计，纵坡小于3%为宜，最大纵坡不应大于8%。骑行道纵坡小于2.5%为宜，最大不宜超过8%①。

②鼓励将游径空间作为临时性赛事道路。条件允许的地区，断面设计考虑作为临时赛事跑道的，具体设计要求参照相应赛事标准执行。

③缓跑道与骑行道需设置地面标识标线。标识标线是一种安全和提示标记，在碧道游径空间中是一种无声的"语言"。缓跑道与骑行道需设置地面标识，双向跑道和骑行道需设置中心标线，可采用热熔标线涂料。热熔标线涂料是涂敷在道路上，用于标志道路标线的一种涂料。

骑行道地面标识示意图

图4-26　骑行道地面标识示意图

骑行道与市政道路、其他慢行通道交叉口处，应保证线路转换的衔接顺畅，同时骑行道出入口处应加设禁止助动车的警示标志、物理隔离桩、闸机等设施。慢行通道出现交叉的，应在交叉点上设置提示避让的标识和减速设施，通过线型变化、视线导引等减速设计，达到降速目的，

① 参考：《广东万里碧道设计与运维技术指引》（征求意见稿）

并确立慢行优先的通行规则。

（4）铺装材料。

合理选择铺装材料、确保慢行体验舒适。

材料：应满足整体环境和使用功能需求，宜采用生态、宜人、经济的本地材料，对于现状路面条件较好的区域，不宜重新铺装。一般可采用混凝土、透水砖、花岗岩、沥青、树脂粘结彩色碎石、彩浆封层、彩色微表处等。

结构：包括路基、垫层、基层、面层、防水层和边缘排水系统。

尺寸：混凝土、花岗岩、透水砖步行铺装材料可以由多种尺度，基于3的模数，可选择 600×600 毫米、300×600 毫米、300×150 毫米、150×150 毫米规格，材料厚度一般为 50 毫米。路缘石的尺度选择 100 毫米高，200 毫米宽。

色彩：步行道宜采用冷色调高级灰，包括福建青、森林绿、芝麻灰、中国黑等，骑行道宜采用高级灰或深黑，缓跑道宜采用红色系、蓝色系或高级灰。具体色彩和搭配根据实际情况确定。

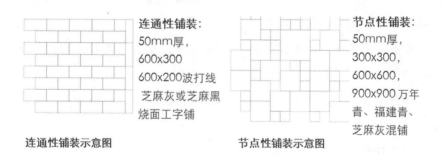

图 4-27 铺装示意图

常用材料 1：混凝土

颜色：以原始色，灰色系为主。

饰面：抹平、拉毛、斩假石等，可根据场地需求使用其他饰面。

尺寸参考：根据步道宽度，按照设计决定尺寸；厚度满足荷载需求。

施工工艺：可分为现场浇筑和预制混凝土砖块铺砌两种工艺。

优点：成本低，方便获取，易于切割及铺设，现场浇筑可解决异形位，使用寿命长达20～40年，摩擦系数较大。

缺点：整体外观实用但可能无法满足特定区域的外观需求，抗拉强度低、延展性差、易开裂、边缘易破碎，需要适度的维护管理。

注意事项：若采取分阶段实施，新旧铺装界面一开始差异将非常明显，使用一段时间后的磨损能提供更相似的外观。

常用材料2：花岗岩

颜色：以素雅的灰色、淡黄系为主。

饰面：常用火烧面、荔枝面、龙眼面、剁斧面，另可根据场地需求使用其他饰面。

尺寸参考：砌块长宽具体需根据步道宽度决定。

优点：耐用，使用寿命长，可重复使用且磨损掉色不明显，热膨胀系数小，不易变形，化学性质稳定，不易风化，能耐酸、碱及腐蚀气体的侵蚀，可根据需求切割成不同尺寸并铺设，同一石材可处理成一系列饰面和纹理来实现不同的效果。

缺点：不透水、吸水，易造成地面积水，夏天热岛效应较大，造成热污染，与混凝土相比，安装更费时。

注意事项：为达到节约投资、节能减排、绿色发展的效果，应谨慎选用。

常用材料3：透水砖

颜色：以灰色系等素雅的颜色为主，若要使用鲜艳的颜色，应注意与周围环境协调。

尺寸参考：根据步道宽度，按照设计决定尺寸，厚度满足荷载需求，

优点：具有多孔结构，透气透水性好，能使雨水快速渗入地下，可吸收水分与热量，调节地表局部空间的温湿度，雨后不积水，防滑系数

高，表面有微小凹凸，防止路面反光，铺设简易。

缺点：整体外观稍显粗糙无法满足特定区域的需求，耐久性差，较易损坏，维护周期较短，孔隙易堵塞，阻碍透水性能，清洁不易，在结构强度不足的情况下，易凹陷。

注意事项：若采用此材料铺设，设计师应认识到，不仅仅是面层的透水铺装材料，而应该有一整套配套的雨水积水处理设施和基层处理作为支撑，才能充分发挥透水铺装的作用。

常用材料 4：沥青

颜色：取其原始色，灰黑色系，可根据需求使用彩色沥青。

尺寸参考：与机动车道相邻的非机动车道厚度须满足机动车道的荷载要求。

优点：施工快且简单，表面均匀，无拼接缝，从而降低绊倒和破裂的危险，持续耐用，易于修补和再造，冲压沥青可创造出不同的铺装图案。

缺点：经过修补的沥青路面会产生"补丁"的效果，某些类型的彩色路面在通行量繁忙的地方很快褪色（使用后 6—12 个月），并且可能经常需要重新铺设。

注意事项：后期养护时需要整个路面翻整，因为修补会产生难看的补丁，彩色路面的修补需用相同颜色的骨料和粘合剂来匹配原来的颜色。

常用材料 5：塑胶

颜色：以灰黑色系为主，可根据需求使用彩色塑胶，并注意与周边环境的协调。

尺寸参考：厚度满足荷载要求。

优点：具有高度吸震力及止滑效果，减少从高处坠下而造成的伤害，提供运动时的保护作用及舒适感，具有长久耐用、容易清洁等特点，具有一定的透水排水功能。

缺点：塑胶跑道地表凹凸不平，摔跤后容易造成大面积擦伤皮肤。

注意事项：后期养护时需要整个路面翻整，因为修补会产生难看的补丁，彩色路面的修补需用相同颜色的骨料和粘合剂来匹配原来的颜色。

常用材料6：碎石与卵石

颜色：取其原始色为主。

尺寸参考：厚度满足荷载要求。

优点：透气透水性好，能使雨水快速渗入地下，具有一定的净化水质作用，具有较高的强度、韧性和抗磨耗能力；施工便捷且快速，易于维护，应用于自然生态段与乡野段能与周边环境相协调。

缺点：平整度差，可能存在步行体验不佳的情况，防滑系数一般。

注意事项：需结合碧道实际选择是否采用碎石与鹅卵石铺装材料。

（5）跨涌连接桥。

建设跨涌断点步行桥，打造"一桥一景"。河涌交汇处存在空间隔断的需设置跨涌连接桥。连接桥的架设应从路口总体交通和建筑艺术等角度统一考虑，既解决交通功能性问题，又保证两岸活动的延续性并创造出令人兴奋的观景点（一桥一景）。桥主题结构的造型要简洁明快通透，除特殊需要处不宜过多装修。

宽度：桥面应考虑步行与自行车双向通行，根据实际水岸空间尺寸进行确定，桥面宽度宜为6~8米，最小宽度建议不小于3米，同时应考虑无障碍设计[①]。

桥底净高：步行桥桥底最高点需满足相关河涌的通行要求。

坡度：连接河涌两岸的不同标高与流线，坡度不应大于1/8。

材质与色彩：宜采用高强度钢结构轻量化设计，栏杆宜采用不锈钢一体化设计。整体造型应简约大气，与周边环境协调，体现"一桥一景"。

---

① 参考《城市人行天桥与人行地道技术规范》

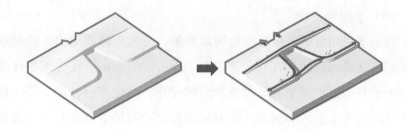

图 4 –28 跨涌连接桥连接效果示意图

a. 5 米桥：适用于 20 ～ 50 米宽的河涌，骑行空间与人行空间混合。

b. 6.5 米桥：步行 + 骑行 + 驻足区。适用于 50 ～ 150 米宽的河涌，划分骑行区和步行区，提供一定的驻足空间。

c. 8.5 米桥：步行 + 骑行 + 驻足区 + 休憩设施区。用于 150 ～ 200 米宽的河涌，骑行区和步行区由设施区分隔，提供一定的驻足空间。

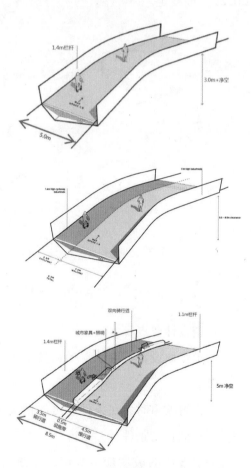

图 4 –29 不同宽度跨涌连接桥示意图

（6）无障碍设计。

鼓励多采用坡道、梯道消化场地高差，设置无障碍通道。建设以人为本的舒适碧道环境，在符合安全性、舒适性的原则下优先考虑将碧道场地上的高差以坡道消化，减少台阶的使用，优化步行体验。若场地条件不允许再考虑台阶与梯道，同时应保证台阶与梯道都有与之配套的坡道。台阶、梯道及坡道的设计应符合《无障碍设计规范（GB 50763—2012)》的规定。

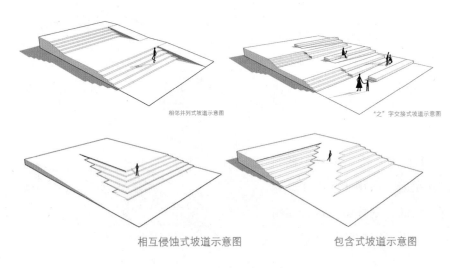

相邻并列式坡道示意图   "之"字交接式坡道示意图

相互侵蚀式坡道示意图   包含式坡道示意图

图 4 –30   无障碍设计示意图

坡道设计要点：

碧道场地设置有台阶、梯道处都应配备相应的坡道，方便行走不便的人群。

在设置坡道时，在条件许可的情况下应尽量降低坡度，为所有行人提供舒适的行走条件。

一般坡道的坡度应≤1/12，能使乘坐轮椅者在自身能力的条件下通行。

对于一般室外通路，坡度应≤1/20，坡度最小宽度≥1.5米，为行走不便人群提供更为舒适和安全的坡道。

对于困难路段，最大坡度为1/10～1/8，坡道最小宽度≥1.2米。

轮椅坡道设计要点：

轮椅坡道宜设计成直线形、直角形或折返形。

轮椅坡道的净宽度不应小于1米，无障碍出入口的轮椅坡道净宽度不应小于1.20米。

轮椅坡道的高度超过300毫米且坡度大于1：20时，应在两侧设置扶手，坡道与休息平台的扶手应保持连贯。

轮椅坡道起点、终点和中间休息平台的水平长度不应小于1.50米。

轮椅坡道的坡面应平整、防滑、无反光。临空侧应设置安全阻挡措施。

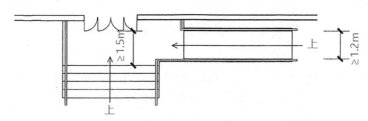

直线型轮椅坡道示意图

图4-31 直线型轮椅坡道示意图

梯道与台阶设计要点：

梯道宜采用直线形。踏步宽度不应小于280毫米，踏步高度不应大于160毫米。宜在两侧均做扶手。

踏面应平整防滑或在踏面前缘设防滑条。

无障碍单层扶手的高度应为850～900毫米，无障碍双层扶手的上层扶手高度应为850～900毫米，下层扶手高度应为650～700毫米。

台阶踏步宽度不宜小于300毫米，踏步高度不宜大于150毫米，并不应小于100毫米。三级及以上的台阶应在两侧设置扶手。

三、绿化配置：丰富滨水景观

碧道的绿化配植应与碧道所处河段的功能定位、河段周边的环境协调。河道河滩地、堤防、背水侧防堤等不同位置区域因行洪、排水、海绵城市的建设要求采取不同的绿化形式。不同类型的碧道段采取不同的绿化形式，发挥生态保育、景观休憩等功能。

（1）不同碧道类型绿化要求。

不同碧道类型采取不同的绿地功能形式，都市型、城镇型碧道应突出休闲、康体服务需求；乡野型和自然生态型碧道应尽量保持河道周边植被的原真性与完整性，保持河道的荒野美，最大限度保护现有自然植被，优先选用乡土植物（表4—7）。

表4－7 不同类型碧道绿化要求

碧道类型	都市型碧道	城镇型碧道	乡野型碧道	自然生态型碧道
绿化功能要求	强化公共交通设施、文化休闲设施、公共服务功能以及亲水性业态的复合	在满足居民康体、休闲、文化等需求的同时，强调生态、经济功能，凸显地域特色	尽量维护保留原生景观风貌，减少人工干预	坚持生态保育和生态修复优先，人工干预最小化，充分发挥自然生态在美学、科普、科研等方面的价值
绿化形式	疏林草地、湿地、碧道公园	疏林草地、湿地、碧道公园	大地景观、农田果林、湿地	郊野草地、自然林、自然湿地

古树名木应全部原地保留，根据《城市古树名木保护管理办法》及

各地相关古树名木保护管理规定，对古树名木加强保护。

宜结合海绵城市建设要求，统筹雨水综合利用、排水防涝、水系保护及修复与绿化带设计，提升绿道雨水径流控制、污染控制和内涝调蓄等功能。

（2）堤岸不同空间的绿化要求。

在行洪河道内，严禁种植阻碍行洪的林木和高杆作物。在不影响行洪的情况下，水陆交界处宜种植一定宽度的水生植物，为两栖动物活动提供环境条件。

迎水坡植物与河岸绿化带种植低矮灌木、藤蔓植物和草本植物；地方上有条件的可以采取疏林草地的种植形式，营造方便人活动的空间；背水侧防堤绿地可种植乔木灌木。

表4-8 堤防不同空间的绿化要求

空间要素构成	河 滩 地	堤 防	背水侧护堤地
适宜做	沉水植物、浮水植物、挺水植物等可改善或塑造水生生境的水生植物，如浮水植物有：睡莲、凤眼莲、大藻、若菜、水鳖、田字萍等。沉水植物有：黑藻、金鱼藻、眼子菜、苦草、落草等。挺水植物有荷花、千屈菜、菖蒲、黄菖蒲、水葱、再力花、梭鱼草、花叶芦竹、香蒲、泽泻、旱伞草、芦苇等	迎水坡植物与河岸绿化带种植低矮灌木、藤蔓植物和草本植物	种植乔木灌木
有条件可做	种植灌木	疏林草地	——
不适宜做	影响行洪和堤身安全的植物，如木棉、凤凰树等根系较发达的乔木以及玉米等高杆农作物	阻水的密林	——

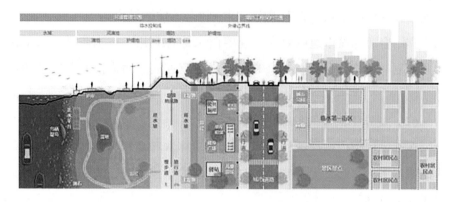

图 4 -32　堤防不同空间的绿化要求

（3）绿化设计。

①水面植物空间设计。水面植物空间设计通常预留一定的区域和水边景观相呼应，运用多种水生植物以片植、丛植、组团的种植方式丰富植物空间的层次，整体以漂浮—沉水—挺水植物为主进行搭配；

水面植物的空间设计宜考虑水面的镜面作用，水生植物的面积不宜超过水面的三分之一，需注意与水边的远近变化，留出透景线；

设计中，应遵从生物多样性原则，可将鱼、海鸥或飞禽类动物共同形成丰富多彩的滨水景观环境。

②驳岸植物空间设计。不具备行洪功能的湖泊的自然式驳岸与植物的空间设计宜遵从原有驳岸线条的基础，常用树形优美的耐水湿、耐水淹乔木作为骨架树种，配以水杉、池杉等乔木作为基础种植，并选取水生多年生草本花卉等低矮植被组合的植物群落，形成错落有致的景观空间序列。

行洪的河道驳岸绿化设计，通常在斜坡上种植水生植物和耐水湿、耐水淹的植物来打破驳岸的硬质感，如果有台阶、砌石式或复合型的驳岸情况，在其坡面上宜种植草本花卉、低矮灌木或结合树池的形式进行绿化。

③堤岸。堤岸长度较长，一般采用标准段设计，以单元标准段重复方式进行植物景观营造。

堤顶、背水面以某一形式的植物空间重复出现，如以乔木间植形成有韵律、有节奏的垂直空间。

堤岸迎水面宜种植耐水湿的花灌木和色彩丰富的水生多年生草本花卉植物。

④桥体植物空间设计。体量较大的桥，宜种植点缀高大的乔木在桥头位置。体量较小的桥，运用自然式配置方式种植少量小乔木，丛植几株低矮的灌木、花卉和地被，形成半开敞空间或在周边片植低矮地被、点缀低矮灌木球的植物配置方式，形成开敞空间。

⑤滨水建筑植物空间设计。毗邻水体的亭廊通常点缀少量乔木、种植一些低矮的灌木或花卉，形成半开敞空间或开敞空间，或者在建筑四周选用乡土树种形成覆盖空间，形成自然的屏障；

远离水体的游憩性建筑根据其不同功能的要求，植物所配置的方式也不同，可形成多样化的植物空间。

⑥岛屿。对于游人不能进入的岛屿，宜营造色彩丰富的植物群落；对于游人能进入的岛屿，并在岛屿空间尺度大的情况下，宜沿着园路自然式地种植形态优美、色彩艳丽的物种，岸边种植美人蕉、鸢尾等水生植物，在节点处片植芦苇并点缀水杉、落羽杉等乔木，整体形成疏密有致、生态野趣的植物空间环境。

⑦市区滨江绿地。总体要求：滨江绿地保持通江视线开敞，采用疏林草地种植形式。

疏林草地是滨江景观重要组成部分，是主要滨江活动空间，绿化种植应考虑树形组合、季节变化、因地制宜，减少中层灌木连续种植而形成的滨江空间围蔽，避免视线遮挡以及空间过度密闭导致的社会安全隐患，整体营造通透的绿化风格；疏林草地中游人集中区域宜选用高大乔木，庇荫性树木枝下净空应大于 2.5 米；骑行道、跑步道设置乔木遮荫的，枝下净高应大于 2.5 米[①]。

种植形式：适地适树、采用群植，自然式布局，疏密有致。群植以模拟自然状态，尽量避免规则株距和几何格局，成行或成格网状的种植一般用于有限的、需要公众性或纪念性特征的空间。树距取决于树木类型和是否需要布置孤植的观赏树或枝叶茂密的冠荫树。植物组团的设计小到三五株植物组合，大到几十株组团，都需要注意美观性和层次性。

种植密度：宜按选用植物成年冠幅的 70% ~80% 计算密植状态下能满足植物正常生长的株距，并在此基础上适当扩大距离，以能够保证不同植株成熟后在形体上有相互搭接的关系、能形成有聚合感的植物组团为主。对于速生树种，间距可以稍微增加，保证其成年后能够维持景观稳定；对于慢生树种，间距要适当减小，以保证其在尽量短的时间内形成效果。

四、海绵设施：建设弹性水岸

碧道海绵城市设施选择应结合区域水文地质、水资源特色、绿地率、汇水区特征和设施主要功能，按照经济适用、景观效果好的原则选择效益最优的单项设施及其组合系统，尽量选择感官自然、透水性好、维护成本低、使用寿命长的材料，具体做法参照《广州市海绵城市建设技术指引及标准图集》。

碧道绿地中应用"渗、滞、蓄、净、用"为主的技术设施，对雨水调蓄、净化和收集回用。如规划对绿地有承接道路雨水排放需求，则需强调雨水净化设施的作用。碧道常见海绵设施包括透水路面、植草沟、雨水花园、生物滞留带等设施。

---

① 参考：《城市道路工程设计规范》（CJJ37—2012）

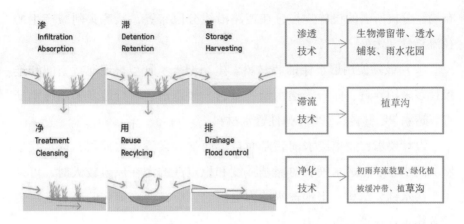

图4-33 海绵设施技术框图

（1）总体要求。根据滨水绿地的条件，因地制宜设置海绵设施。

宽度条件：宽度大于2.5米的绿化带，在满足乔木生长环境的情况下，可斟酌考虑协助消纳路面径流雨水，利用初雨弃流装置、植草沟、生物滞留带等设施滞蓄、净化路面径流。当滨水绿带宽度规模较小时，难以确保消纳路面径流雨水，不建议应用低影响开发技术。

竖向要求：应用低影响开发技术的道路绿化应低于硬质路面，通过开孔道牙或留道牙沟，使道路雨水自然汇入绿地。

防渗措施：道路绿化带内低影响开发设施应采取必要的防渗措施，防止径流雨水下渗对道路路面及路基的强度和稳定性造成破坏。

植物选择：低影响开发设施内植物宜根据水分条件、径流雨水水质等进行选择，宜选择耐淹、耐污、耐盐等能力较强的乡土植物。植物选择参照《广州市海绵城市建设技术指引及标准图集》《广州市城市绿地系统海绵城市专项规划》中海绵城市植物选用表。

流量测算：根据道路级别和流量，测算路面雨水受污染的程度，选择市政雨水管网或初雨弃流装置除去污水，达标的雨水才能进入绿地，避免水质污染影响植物生长。

设施布局：雨水调蓄、渗透设施的布置受地块形状影响，应分散化布局。分析所需的设施规模，在道路沿线分段布置，从源头削减产生的径流总量和污染。

（2）鼓励使用透水性铺装材料。生态型、乡野型碧道通行空间和连接径多采用碎石、卵石等透水铺装材料，缓跑道、骑行道多采用透水沥青、透水 PU 材料、EPDM 弹性透水材料。

设计要求：碧道透水铺装路面自上而下宜设置透水面层、透水找平层和透水基层。透水铺装对路基强度和稳定性的潜在风险较大时，可采用半透水铺装结构；土地透水能力有限时，应在透水铺装的透水基层内设置排水管或排水板。

设计参数①：透水面层渗透系数应大于 $1.4 \times 10^{-2}m/s$，透水找平层渗透系数应大于面层，采用细石透水混凝土、干砂、碎石或石屑等铺设，厚度宜为 20～30 毫米，有效孔隙率应不小于面层。透水基层渗透系数应大于面层，采用级配碎石或者透水混凝土铺设，厚度宜大于 150 毫米，有效孔隙率应大于 25%，透水基层底部不设坡度，蓄水宜在 24h 内排空。

① 参考：《广州市海绵城市建设技术指引及标准图集》（2017）

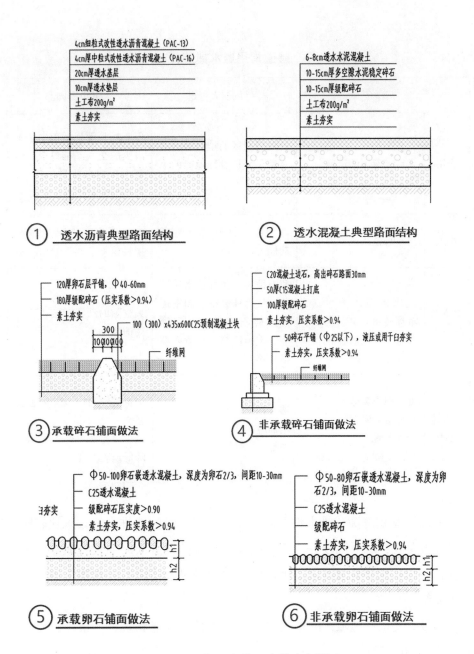

① 透水沥青典型路面结构
② 透水混凝土典型路面结构
③ 承载碎石铺面做法
④ 非承载碎石铺面做法
⑤ 承载卵石铺面做法
⑥ 非承载卵石铺面做法

图 4-34 常用海绵设施技术断面图

表4-9 碧道常用透水铺装材料推荐

	停车场	慢行道/人行道	水岸小型园路
作用	供行人专用的道路	针对规划区的植物园、儿童游乐园以及绿地内的小型园路	停车场是现代城市中必不可少的交通基础设施，由于汽车拥有数量的攀升，停车场的面积越来越大
特点	与车行道路比承力小	面积小，更加注重游憩功能	与道路相比，对路面的磨损较少
透水铺装材料	透水沥青，透水砖，草坪砖植草砖，卵石，碎石，特色铺装等	卵石铺装、各种透水砖铺装，特色铺装拼砌图案可使用碎石铺装、木屑铺装、木砖铺装、石质嵌草铺装等	大空隙的沥青铺装，草坪砖铺装
透水铺优点	提高地表渗透率；减低地面温度；增加美观度；行走更舒适，更健康	透水性好增加趣味性增加美观性	提高透水性，较少地表径流减少源污染和重金属污染降低地表温度

（3）采用缝隙式排水沟等隐性排水系统。缝隙式排水的效果比较时尚大方美观，隐蔽性较好，不会因有排水沟的设置而影响设计效果。硬质铺装与软质铺装过渡区、硬质铺装边缘需设置缝隙式排水沟等隐性排水系统。

设计要求：缝隙式的形式主要分为单缝、双缝和多缝，根据排水量的大小相应匹配。

设计参数：单缝—20毫米、双缝—30毫米、三缝—50毫米，缝隙过窄容易造成排水不畅，缝隙过宽垃圾容易掉入造成堵塞。线性排水沟一般30米到50米会设置一个检查井，以便清理垃圾。

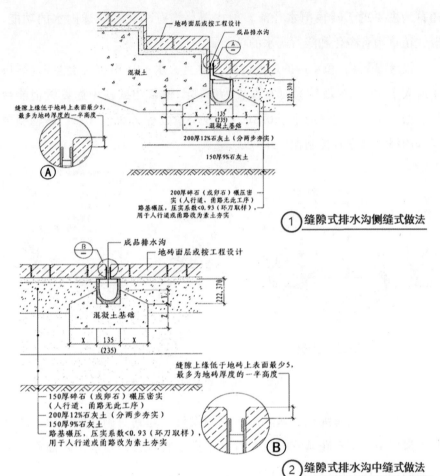

图4-35　常用缝隙式排水沟技术断面图

（4）鼓励使用植草沟设施。

①绿地与铺装衔接处因地制宜设置植草沟。在不影响绿化带滞尘、消音、景观功能的前提下，在有条件的区域布置连续的植草沟，汇流路面净化后的雨水，进一步去除污染物和增加下渗。用于收集、净化、下渗慢行路面雨水，且绿地标高要低于铺装路面标高。

设计要求：植草沟可设计为转输型、干式和湿式三种类型，转输型植草沟主要用于转输雨水径流，干式植草沟有净化和渗透雨水的功能，湿式植草沟有净化和滞留雨水的功能。

设计参数[①]：植草沟的边坡坡度（垂直：水平）不宜大于1:3，纵坡不应大于4%，纵坡较大时宜设置为阶梯型植草沟或在中途设置消能台坎。植草沟最大流速应小于0.8m/s，曼宁系数宜为0.2~0.3。转输型植草沟内植被高度宜控制在100~200毫米。

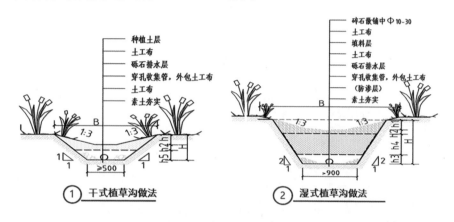

图4-36　常用植草沟技术断面图

②绿地空间海绵化、融入雨水花园设计。起到对雨水的滞留、净化和下渗作用，雨水花园宜分散布置且规模不宜过大，雨水花园面积与汇水面面积之比一般为5%~10%[②]。

设计要求：雨水花园由内而外一般为砾石层、砂层、种植土壤层、覆盖层和蓄水层；雨水花园内应设置溢流设施，可采用溢流竖管、盖篦溢流井或雨水口等。

---

① 参考：《广州市海绵城市建设技术指引及标准图集》（2017）
② 参考：《广州市海绵城市建设技术指引及标准图集》（2017）

设计参数①：溢流设施顶一般应低于汇水面100毫米。砾石层厚度一般为250~300毫米，可在其底部埋置管径为100~150毫米的穿孔排水管，砾石应洗净且粒径不小于穿孔管的开孔孔径。雨水花园最大蓄水深度应设置为10~30厘米，并在蓄水区周围设置高宽比大于2∶1的边坡。

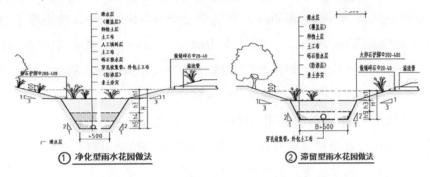

图4-37 常用雨水花园技术断面图

五、动植生境：修复完整生态链

完善碧道水岸中小生态系统生物多样性，清除沿线入侵物种，保持局部弯道、深潭、浅滩、故道、洲滩以及河滨带等自然景观格局多样性特征，因地制宜设计河槽、河漫滩、岸边带等多种地貌形态，适当营造鱼类洄游通道，补植引鸟型植被。

生物多样性是生物及其环境形成的生态复合体以及与此相关的各种生态过程的综合，动植生境主要包括植物生境、鸟类生境、鱼类生境、昆虫生境等四大部分。

（1）植物生境。

1）清除入侵物种，保障生境基础：广州市现有入侵植物73种，隶属于27科59属②。在这些入侵植物中，空心莲子草、飞机草、薇甘菊、

① 参考：《广东植被》广东省植物研究所/科学出版社（1976）
② 参考：《广东植被》广东省植物研究所/科学出版社（1976）

假高粱和凤眼莲5种植物属于国家环境保护总局公布的首批9种外来入侵植物。另外，薇甘菊、三裂蟛蜞菊、银合欢、凤眼莲和马缨丹5种植物被 IUCN 列入世界上最有害的 100 种外来入侵种。

主要入侵植物有白花鬼针草 Bidens alba，薇甘菊 Mikania micrantha，三裂叶蟛蜞菊 Wedelia trilobata，假臭草 Praxelis clematidea，空心莲子草 Alternantheraphiloxeroides、五爪金龙 Ipomoea cairica，圆叶牵牛 Pharbitis purpurea 等。碧道生境营造应优先清除入侵物种，保障生境基础良好，可采用以下两种方式进行入侵物种清除或替代：

方式1－直接清除：采用直接拔除或喷洒化学药水后清除，需对去除后的生境进行整理和植被复种，一般采用和周边植物群落同种植被进行复种。该方法简单便捷，见效快，优先推荐使用该方法。

方式2－植物替代控制：其核心是根据植物群落演替的自身规律，利用有益的本地植物取代外来入侵植物，恢复合理的生态系统的结构和功能，建立起良性的生态群落。

①如高丹草（Sorghum bicolor）出苗较黄顶菊更早，对黄顶菊的抑制率达100%；紫花苜蓿和欧洲菊苣在替代比例1.5∶1的条件下对黄顶菊的抑制效果最好，抑制率分别为87.7%和96.2%。

②紫穗槐、沙棘、小冠花、草地早熟禾和菊芋对豚草的替代控制效果明显，使其在试验区的生物量由30kg/m² 降到0.2kg/m²。

2）营造"条带式"植物群落：对无通航要求、非直立式驳岸建议营造"条带式"缓坡岸带植物群落，可为植物生境和鱼类、鸟类生境着生提供基底，形成水陆间的生态缓冲带，发挥净化、拦截、过滤等生态系统服务功能。一般而言，水生植物群落多样性修复适用流速缓慢、河岸带缓坡、水深小于1米、岸线复杂性高的河段。

类型选择：从水体向陆地过渡依次为沉水植物带、浮水植物带、挺水植物带、湿生植物带（包括湿生草本、灌木和乔木），形成滨岸水平空间上的多带生态缓冲系统。利用物种在空间上的生态位分化，构建按水位梯度的条带式植物群落，可以提高滨岸带生物多样性，加强生态缓冲能力，促进形成多样化的生境格局。

技术要求：植物配置在水平空间格局和垂直空间格局上，应重视人工恢复和群落自然建立的结合。施工上，一般采用固定物如石块、竹竿固定上部与底部，垂直插入水体底部基质中，待生长稳定后取出固定物，或通过草甸种植、播撒草种、扦插等方式实现。

设计参数—栽种深度：根据不同水深条件种植适宜植物。挺水植物种植面积占 2 千米河流岸带恢复区水面的 20%，沉水植物约占恢复河段水面的 10%[①]，水生植物生境的栽种水深一般宜满足下列要求：

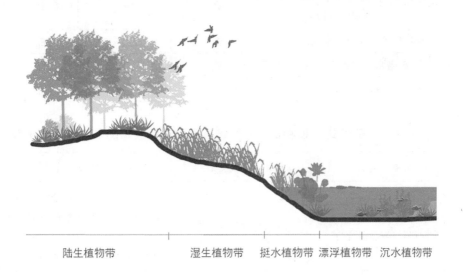

| 陆生植物带 | 湿生植物带 | 挺水植物带 | 漂浮植物带 | 沉水植物带 |

图 4 −38　"条带式"植物群落示意图

设计参数—栽种密度要求：根据长成效果采用合理栽种密度。水生植物生境的栽种水深一般宜满足下列要求：分生能力强的植物一般可以稀植，挺水植物一般可以采用裸根幼苗移植、收割大苗的移植以及盆栽

---

① 参考：江河湖泊生态环境保护系列技术指南之《湖泊流域入湖河流生态修复技术指南》（环办〔2014〕111 号附件 5）。

移植方法栽种；浮叶植物可采用先放浅水进行栽种，再逐渐加深的方法；浮水植物（漂浮植物）一般采用打捞引种法，并注意控制生长范围。主要水生植物的设计种植密度建议如下。

表 4 –10　"条带式"植物群落不同植被类型影响参考表

作　　用	草　地	灌　木	乔　木
稳固河岸	低	高	中
过滤沉淀物、营养物质、杀虫剂	高	低	中
过滤地表径流中的营养物质、杀虫剂和微生物	高	低	中
保护地下水和饮用水的供给	低	中	高
改善水生生物栖息地	低	中	高
抵制洪水	低	中	高

表 4 –11　"条带式"植物群落不同植被类型对污染物的节流效果参考表

植被类型	最佳植被类型	最佳植被截污效果
无植被带、芦苇带、芦苇与香蒲混合带	芦苇与香蒲混合带	对 COD、TN、TP 和 NH4 + – N 去除率的周平均值分别为 31% ~ 62%、37% ~ 84%、30% ~65% 和 34% ~31%
香根草 + 沉水植物、湿生植物 + 香蒲 + 芦苇	香根草 + 沉水植物	对 COD、NH4 + – N 和 TP 的去除率分别为 43.5%、71.1% 和 69.3%
芦苇带、茭白带和香蒲带	芦苇带	对 COD、NH4 + – N 和 TP 的去除率分别为 43.7%、79.5% 和 75.2%
农田、森林和草地	森林和草地	对 N 的截留转化率大于80%

3）建设"水中林泽"混交植物生境：在咸淡水交汇处、红树林地带、具有底泥基础的大水面区域、临水已有混交植物群落的碧道沿线可栽种耐水植物，营造"水中林泽"。可种植如乌桕、水翁、水松、池杉、落羽杉等耐水植物，适当增加耐水湿乔木如水石榕、水黄皮、水蒲桃、构树、朴树、桑树、岭南山竹子、乌桕、榔榆等，形成上层＋中层＋下层的复层混交植物群落，增加水上、水下生境的异质化，提升生物多样性。

技术要求：水生湿地植物种植的最佳时间一般是春夏或初夏。对于群植丛生植物来说，可根据实际情况在保证竣工时可长成设计密度的效果的前提下，适当降低苗木施工规格（如水葱 20 芽/丛在施工时可种植为 10～12 芽/丛、待竣工验收时仍可达到 20 芽/丛设计密度）。

（2）鱼类生境。

①大江大河：鼓励 5 种技术型鱼道。大江大河的拦闸坝对鱼类洄游和鱼类种群繁衍影响较大，建议主要采用水池式鱼道、狭槽鱼道、升鱼机、鱼闸、丹尼尔鱼道等 5 种技术型鱼道方式，修建鱼道、鱼梯、鱼闸等永久性过鱼设施，提供鱼类洄游的路径。

表 4 – 12　技术型鱼道设计要点和设计参数一览表（以水池鱼道为例）[①]

设计参数	设计要点
鱼道位置	鱼道位置通常根据其河流落差而定，一般而言，河流落差在 50 米以下的在河道任何一旁设置均可，落差在 100 米以上的必须在两岸同时设置
鱼道入口	鱼道入口必须易被鱼类发现，一般设置在电站尾水口上方，利用电站泄水诱鱼或者布置在泄洪道侧旁；当鱼道延伸至河道当中时，入口不应超过河床太高，应与河床斜坡衔接，入口处水深至少 1～1.5 米，入口宽度等于鱼道宽度，若选择垂直隔板与孔口式鱼道，其入口宽度可略小于鱼道宽度。建议孔口 0.5～1 平方米位宜，每个孔口流量保持在 0.68～2.7m³/s

①　参考：《水电工程过鱼设施设计规范（NB/T35054）和国际鱼道研究结果。

设计参数	设计要点
鱼道流速	鱼道水流速与大坝水头及鱼的静水临界游速有关，一般流速为鱼在静水中临界游速的1/3，当鱼道为多种过鱼对象设计时，以溯游能力最差的一种对象的允许流速为标准
鱼道尺寸	鱼道宽度由设计过鱼量和河道宽度决定，常取河道宽的4%～5%，一般为2～3米、3～5米，大的可到10米；河道长度每隔10块隔板需设置一处休息池；过鱼孔大小应不小于拟通过鱼类胸鳍水平展开距离，以满足鱼类自由游泳需要，池室水深主要视鱼类习性而定，一般取1.5～2.5米，表层型鱼可小些，底层型鱼类可大些

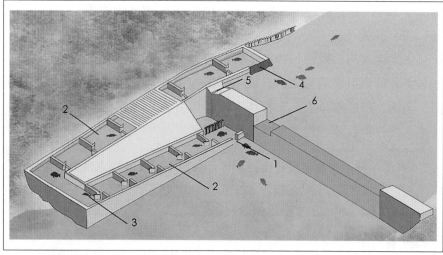

②支流与内河涌：鼓励营造仿自然型鱼道。仿自然鱼道是具有自然特征的旁路水道，即可作为过鱼设施，也可减缓大坝、水闸、堰等水力工程建筑对河流产生的阻隔影响，并在一定程度上改善了鱼类适宜的生境。与传统技术型鱼道相比，仿自然鱼道构建的水流流态更接近于鱼类熟悉的天然状态，对鱼类往往具有更广的适用性和更高的过鱼效率。建议主要采用三种方式的仿自然型鱼道，包括加糙坡道型鱼道、过鱼副坝、绕行鱼道、鱼鳞坝等。

加糙坡道鱼道：最近自然型鱼道最初的一种布置形式，技术要点如下。

进口设计：一般采用大型漂石构建尽可能平缓的坡道，以替代低堰或落差工，从而帮助鱼类顺利通过闸坝等障碍物。一般采用"V"字形截面。

渠身设计：鱼道进口根据地形情况设计为2%坡度的诱鱼鱼坡营造紊动，吸引上溯的鱼类。横向抛石间隔约2米，横向抛石之间设休息池，通常是在鱼道中每隔一段距离（5～20米）布置一个低流速的休息池，休息池的形成方式有两种：一种是人工弯曲的静水区，另一种是在斜槽内码放大型的天然漂石。

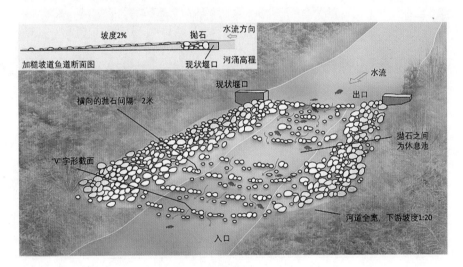

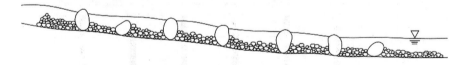

图4-39 加糙坡道鱼道示意图

过鱼副坝：对于内河涌宽度较大的闸坝工程，也可以考虑将部分非溢流坝段改建为加糙坡道，以帮助鱼类过坝，即近自然型鱼道第二种类型——过鱼副坝。

进口设计：鱼道进口高程，既要适应过鱼对象对水深的要求，还要适应下游水位可能的变幅。进口底板高程设计在最低水位以下 1.0~1.5 米。

渠身设计：仿自然鱼道的长度应考虑过鱼对象中游泳能力最差鱼类的需求，坡度应尽可能平缓，一般为 1∶20~1∶100 甚至更小。为控制渠道内水流流速及水深，根据不同底坡坡比在渠道内布置不同间距的蛮石坎，蛮石坎布置形式见图 4-40。

出口设计：鱼道出口段选择在距离副坝 50~150.00 米左右位置，所选副坝位置应远离枢纽主体工程，对枢纽工程影响较小。鱼道出口与副坝衔接位置为钢筋混凝土闸室，出口段矩形断面，底宽 5 米，坡度为 1%。

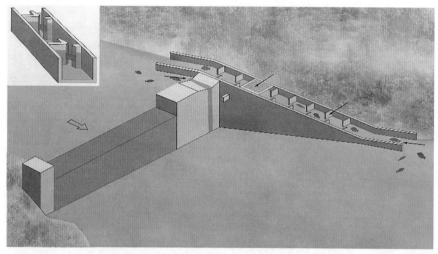

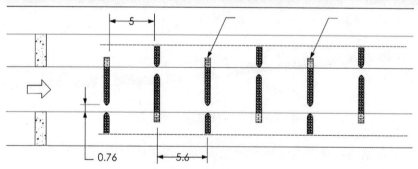

图 4-40　过鱼副坝示意图

　　绕行鱼道：当闸坝不具备改建条件，而地形条件较为有利时，可在河道岸边开凿仿自然河流的明渠以帮助鱼类顺利通过闸坝，此即旁通过鱼水道。

　　进口设计：进口的水流应为连续流，连续流形成的水流延伸范围更远，能够更好地吸引、引导鱼类进入鱼道进口。鱼道进口根据地形情况设计为2%坡度的诱鱼鱼坡，营造紊动，吸引上溯的鱼类。鱼道内下泄流量能沿鱼坡渠道形成较稳定诱鱼流场，同时当入口附近水位变化时，鱼道入口可随着水位变幅而变化，入口能发挥较好的诱鱼效果。

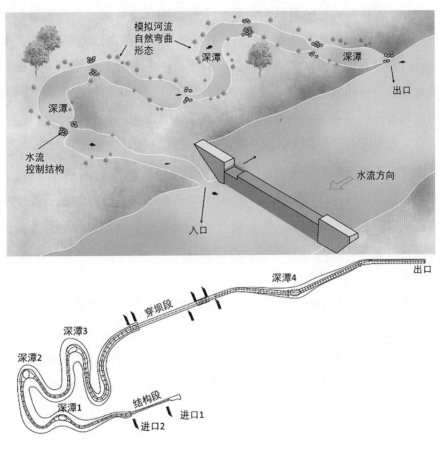

图 4-41　绕行鱼道示意图

渠身设计：仿自然鱼道的长度应考虑过鱼对象中游泳能力最差鱼类的需求，坡度应尽可能平缓，一般为 1:20 甚至更小。沿途湾流处可营造深潭，形成深潭浅滩相结合的鱼道。

③湖滩湿地：建设"多孔穴"驳岸生态鱼巢。湖滩湿地水流相对静止，鱼类生境营造主要以恢复鱼类产卵基质，满足鱼类产卵条件，在湿地、湖岸构建多孔穴生态鱼巢产卵空间，模拟自然湖岸用大小不同的卵石堆砌一些具有大小不等的孔穴、洞穴等结构，卵石缝隙是水生昆虫良好藏身的栖息地，也为鱼类、虾蟹等提供生存生活环境。

技术要求：在河岸通过大石块 + 小卵石结合的形式，增加水岸孔洞空间，为鱼类提供产卵基质（包括各种产卵习性的鱼类），满足鱼类产卵条件。充分利用河涌水岸咸淡水交混的环境中生存的无齿相手蟹等无脊椎动物营造多孔穴生态水岸。这些动物在生存过程中需要挖掘洞穴，对河岸起着疏松、通气、供氧、增加养分等生态作用。就地取材进行混合多空穴水岸营造，根据流域内鱼类产卵、索饵特征补充相应水草、砂粒、贝壳等，构建鱼类产卵场、索饵场。

④近海区域：适当构建人工鱼礁生境。通过人工鱼礁的生态效应来营造出适宜水生生物繁殖、生长场所，改善水生生物栖息环境，人工鱼礁适宜投放在 20~30 米深海域，投放海域流速一般不超过 0.8m/s，各礁区间隔以 1~2 米为宜。

技术要求：多平台式设计增加附着面积。平台设计越多，附着生物也就越多，即为鱼类提供丰富的饵料基础越好。设计不同大小孔洞，适合不同体型的鱼类穿行。同时产生大量的涡流，吸引鱼类的聚集；鱼礁结构中孔径大小应大于等于所诱集鱼种的 3 倍体高。保证良好的透空性和透水性。礁体结构应满足空洞数量多，缝隙多，有隔壁层，有悬垂状等设计要求。礁体上需有植生孔设计，产生的絮流可以为鱼类提供良好的生存空间，同时在植生孔内还可以种植水生植物，有效吸收水中的富营养化物质。鼓励多拐角及填充碎石设计。礁体结构中可做多个拐角设计，填充碎石，填充后成为鱼类产卵最好的场所，产卵存活率是混凝土上的八十多倍。礁体结构上要稳定且礁体整体外观上要与边坡相协调。鱼礁礁体的高度通常取水深的 1/5～1/10。

人工鱼礁三大作用基本原理：

a. 流场效应：提高海水垂直盐分交换。人工鱼礁投放后，在其周边及内部形成上升流、加速流、滞缓流等流态，可扰动底层、近底层水体，提高各水层间的垂直交换效率，形成理想的营养盐转运环境，为礁体表面附着的藻类和海洋表层水体中的浮游生物提供丰富的营养物质，还可以提供缓变的流速条件供海洋生物选择栖息。

b. 生物效应：礁体裸露表面易吸藻类、贝类等附生物和沉积物。由于人工鱼礁多孔和多拐角结构容易附着微生物，并开始生物群落的演替过程，几个月至数年后，礁体会附着大量的藻类、贝类、棘皮动物等固着和半固着生物。藻类的生长可以吸收大量的二氧化碳和营养盐类并释放出氧气，起到净化水质环境的作用，同时藻类又是许多草食性动物的饵料。

c. 避"敌"效应：人工鱼礁的设置为鱼类建造了良好的"居室"。许多鱼类选择礁体及其附近作为暂时停留或长久栖息的地点，礁区就成了这些种类的鱼群密集区。由于有礁体作为隐蔽庇护场所，可以使幼鱼减少被凶猛鱼类捕食的厄运，从而提高幼鱼的存活率。

（3）鸟类生境。

①大江大河：营造河涌浅滩，修复江心生境岛。主要对河流交汇三角区、蜿蜒型河流的转弯处，利用河流交汇的冲积平原和蜿蜒型河流的凸岸堆积营造河涌浅滩，形成开阔水鸟栖息地；利用珠江、增江江心岛针对不同生态类型鸟类的功能需求营造江心生境岛。

河涌浅滩 - 技术要求：优先保护原有滩涂三角洲和自然涨落带，对临近水面起伏不平的开阔地段进行局部微地形调整（即局部土地平整），削平过高地势，减小坡度，以减缓水流冲击和侵蚀。对周围地势过高区域，通过削低过高地形、填土降低水深等方式塑造浅滩地形，营造适宜湿地植被生长和水鸟栖息的开阔环境，同时可为涉禽、两栖动物的栖息以及鱼类的产卵提供场所。

多采用柔性岸边带：利用现有石堤、沙堤，岸边带木桩、原始形态木桩形成柔性岸边带，便于水鸟停留和觅食。

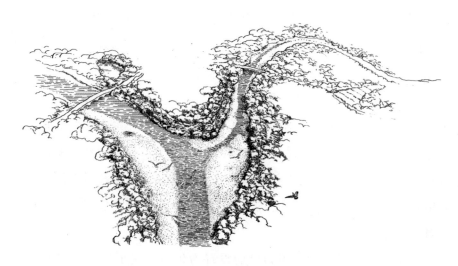

图4-42　滩涂三角洲和自然涨落带示意图

图4-43　柔性岸边带：原始形态木桩及倒木

江心生境岛 – 技术要求：生境岛设草丛、浅滩等在鸟类的繁殖时间段为其提供繁殖场所、巢材的功能。在交界面浅水滩涂上随机布置碎石与就地取材的原始形态木桩及倒木，为鸟类提供栖息的场所。此外，在鸟上人工搭建鸟巢，放置汲水、取食的设施，更好地保证鸟类的生存。

种植引鸟植物、投放适当鱼苗及初级消费者为鸟类提供浆果、鱼类、底栖动物等食物资源。种植不规则的芦苇、菖蒲等净水植物，确保在自然环境下为水中昆虫、鱼类等鸟类的食物提供来源。

分别建立适合游禽及涉禽的生境岛模式。针对游禽生境尤其是其夜栖地的营建，规划设计满足其夜栖的"平缓浅滩 + 低矮草丛"生境。针对涉禽生境的营建，应规划设计满足其栖息的开阔平缓浅滩为主要形式。

图 4 –44   游禽生境模式图：平缓浅滩 + 低矮草丛

图 4 –45   涉禽生境模式图：开阔平缓浅滩为主

②支流与内河涌：种植水岸引鸟植物。重点利用岸边带栽种引鸟品种植被，提供水鸟良好的栖息地及觅食场；可根据不同生态类型水鸟栖息地、筑巢地选取相应的植物和空间搭配形式。临水处建议布置草坪空间，在空地周围布置植物群落适度围合，减少人为干扰，方便鸟类栖息和取食。

技术要点：

抽数高山榕、大叶榕等不适宜筑巢的水岸乔木（树枝支撑力不够），加密适宜筑巢和引鸟的植被类型。

常用引鸟植物：调查统计珠三角较为常见的引鸟花卉植物共51种，隶属20科39属，包括乔木25种、灌木16种和草本10种[1]。这些花卉植物的花蜜、花瓣、花蕊甚至积累在花朵上的露水对鸟类产生明显的吸引作用。尽量配植一些果期长、果量多的树种，尤其以坚果类和浆果类的挂果树种为主。

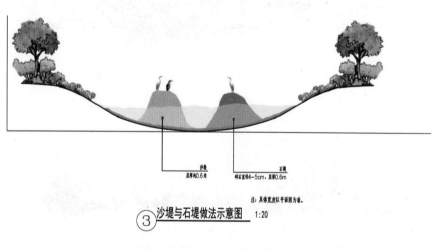

③ 沙堤与石堤做法示意图　1:20

图4-46　石滩石堤模式图

① 参考《广州市水鸟生态廊道建设实施方案（2020—2025年）》

考虑高潮水位水鸟游憩需求：对于乡野型、自然生态型河流，需考虑高潮水位水鸟游憩需求，可采用人工营造浅水 + 石堤、沙堤 + 自然木桩等形式营造高潮水位时的水鸟觅食和驻停需求，一般木桩、石堤、沙堤高在 0.5 米以上。

③湖滩湿地："浮排浮岛"生境 + 稻田生态系统。在湖面开阔、湖水较深的水域、静态水面可通过"浮排浮岛"营建深水区草滩系统，创新鸟类生境恢复技术。生态浮床浮岛是绿化技术与漂浮技术的结合体，一般由四个部分组成，即浮床框架、植物浮床、水下固定装置以及水生植被。

对于湿地类碧道可通过建设稻田生态系统为当地鱼、蛙、螺、虾、蟹、鸟等多种动物营造栖息地，提升动物多样性水平。

"浮排浮岛"生境技术要点：

a. 大小形状：一块浮床大小一般按边长 1 ~ 5 米不等。形状以四边形居多，也有三角形、六角形或各种不同形状组合。施工单元之间留一定的间隔，相互间用绳索连接，可防止由波浪引起的撞击破坏。为大面积的景观构造降低造价。单元和单元之间会长出浮叶植物、沉水植物、丝状藻类等，成为鱼类良好的产卵场所、生物的移动路径。

b. 浮床材料：浮床框体要求坚固、耐用、抗风浪，目前一般用 PVC 管、不锈钢管、木材、毛竹等作为框架。浮床床体一般使用的是聚苯乙烯泡沫板。此外还有将陶粒、蛭石、珍珠岩等无机材料作为床体。浮床基质多为海绵、椰子纤维等。浮床植物优先选择本地种；根系发达、生长快、生物量大；植株优美，具有一定的观赏性和经济价值。目前经常使用的浮床植物有美人蕉、芦苇、荻、水稻、香根草、香蒲、菖蒲、石菖蒲、水浮莲、凤眼莲、水芹菜、水雍菜等。在实际工作中要根据现场气候、水质条件等影响因素进行植物筛选。

c. 固定设计：水下固定形式要视地基状况而定，常用的有重量式、锚固式、桩式等。为了缓解因水位变动引起的浮床间的相互碰撞，一般在浮床本体和水下固定端之间设置一个小型的浮子。

d. 浮床覆盖率：浮床的覆盖率根据水域地理位置、污染程度等因素综合考虑，控制在10%到20%之间。

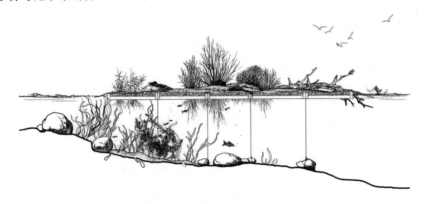

图4-47　海珠湿地湖心浮排生境效果图和做法

稻田生态系统生境技术要点：

宽度深度：水稻田区域挖水沟，宽0.5米，深0.5米；堆田埂高于水面0.3米；

其他要求：谷沟可放养鱼类，为鱼、蛙、螺、虾、蟹、鸟营造适宜栖息地。

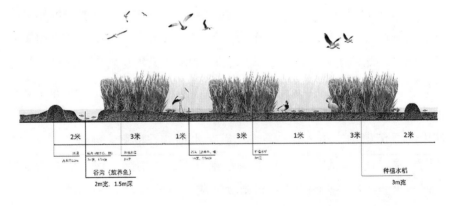

图4-48　稻田生态系统结构示意图

④近海区域：修复红树林生境和海岸潮间带。近海区域鸟类主要分布于红树林，通过修复红树林生境和海岸潮间带，营造近海鸟类生活圈。

技术要点：在适宜生长地区鼓励恢复和重建红树林，林带宽度不宜低于 100 米。保证鸟类栖息场所的独立性，减少外部干扰。林带的走向要与台风海浪运动方向垂直或接近垂直。林带结构要选择根系发达、树干粗壮和树冠浓密的树种组成乔灌木多层结构，近岸滩涂宜种植乔灌混交，向海地段种植灌木类。采取严格的管理措施禁止猎取、捕捞或采摘野生动植物物种，坚决禁止砍伐红树林或肆意采摘红树林果实。

⑤鼓励采用游径生态遮挡板控制人类活动干扰，优化观鸟界面。野外观察会给水鸟带来一定的干扰，游径、观鸟屋等邻近水鸟栖息区的人类活动场所需要植物或生态板的遮挡。

技术要点①：建议游径的观鸟界面应与水鸟栖息地保持不低于 50 米的距离，种植枝叶稀疏的乔木配合灌木以遮掩。若加以生态隔板设置则可以距离适当缩短到 40 米。当挡板长度超过 6 米时，应加通柱或其他设施，在不影响美观的情况下进行加固处理。8 米高的观鸟屋应被设在距离水鸟栖息地至少 120 米处，可考虑坡屋顶设计，颜色需与周边环境相融。

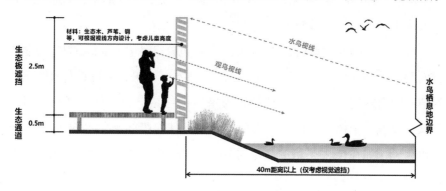

图 4-49 游径的生态板遮挡示意图

———————————

① 参考：《基于水鸟栖息地保护的珠江三角洲湿地公园设计研究》 [J] (2017)

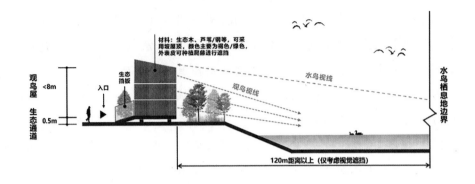

图 4 -50　观鸟屋示意图

（4）昆虫生境。

鼓励就地取材，建立多空间多类型的昆虫旅馆框架。昆虫旅馆就是采用自然材料、依照虫儿习性制作，供虫类繁殖、栖息及越冬的场所。

技术要点：

框架：多利用木材、砖瓦、金属栅格网等材料，分割出不同的"房间"，然后根据不同昆虫的需求填充不同的材料，顶部需盖板防止受潮。

尺寸：高30~45厘米，长20~40厘米，宽5~15厘米，可根据实际需求按比例扩大尺寸规模。

填料：鼓励就地取材进行填充，一般包括3大类。成簇的空心材料（较粗）如空心竹、塑料吸管、空心砖，枯木、松果，可以设计类似蜂窝的结构吸引蜂类，在每年三月开始为果树授粉。空心秸秆（较细）比如荆棘、玫瑰、干树枝、树皮，为食蚜蝇以及其他膜翅类昆虫提供庇护所。砖块瓦砾，如在昆虫旅馆的底层可以用瓦砾为两栖类动物（青蛙、蝾螈等）搭建休息场所。

昆虫旅馆的放置：可以把昆虫旅馆放在远离人群的荫蔽处或者靠近昆虫生境的地方，可采用地插式、树挂式等形式，例如花丛边、水池边或者绿篱边。因为大部分昆虫喜欢温度较低，湿度较高的地方。应注意避开人群，做好对人的防护和标识指引。（喜欢太阳的昆虫，例如为独居蜂创建居所，也可以放置在阳光之下。）

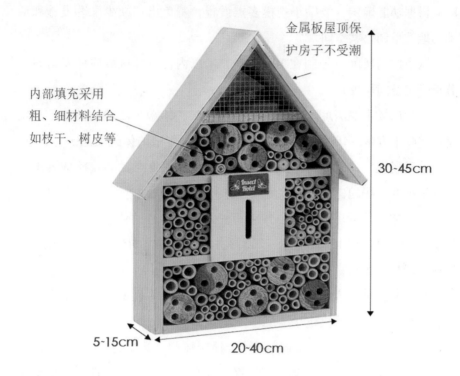

图 4 -51　昆虫屋示意图

六、多元场地：满足多样活动需求

碧道沿线经过了不同功能的城市环境和郊野自然环境，不同节点空间、活动空间类型应与所在城市区段的城市功能和公共空间类型紧密结合，形成满足不同场地诉求和人们偏好的功能多元化场地。

多元化场地指通过应用不同的景观要素之间的有机组合，在碧道沿线上形成的不同活动空间。包含地形、水体、植物、铺装、城市家具、游乐设施、灯光、文化科普展示标识等景观要素，不同要素共同营造完整的功能性场地。

（1）合理确定活动空间尺度，鼓励小规模多点设置①。活动场地的尺度应根据功能确定，鼓励小规模多点设置，避免出现缺少配套设施和活动场地的单调公共空间。

城市广场尺度宜控制在 10000 平方米以内，特殊区域应做专题研究分析确定空间尺度；

小型广场主要满足区域内人们日常社交、休憩、活动的功能，尺度宜在 200 平方米~1000 平方米，应布置充足、舒适的休憩设施；

运动场地、户外健身场所、儿童游乐场应根据运动和设施的要求确定场地尺寸，场地内应设置饮水点、休憩设施；

口袋空间是最小尺度的公共空间，提供半私密的休憩、等候、活动场所，尺度通常在 100 平方米~200 平方米，可结合街角、建筑退让、绿地形态转折等布置；

观景平台可结合栈道、防汛墙、保留构筑物等设置，应保证视线通透，依据区段人流量决定场地尺寸。

（2）面向人群活动需求。应结合社交休憩、运动健身、休闲健身、文化艺术、观光旅游等活动功能，提供类型丰富、尺度人性化的活动场地，宜布局设置户外多功能球场（篮球场、足球场、排球场或沙排），以及健身苑点、轮滑、滑板、攀岩等体育设施，满足儿童、青年和中老年人等不同类型人群的健身运动需求。活动场地应提供舒适的微气候，鼓励设置喷雾、林下空间、遮蔽设施等营造宜人微气候。

（3）活动空间类型紧密结合周边城市功能。碧道活动空间类型应与所在城市区段的城市功能和公共空间类型紧密结合，一般可分为三类，自然生态型，历史文化型，城市活力型。其中自然生态型以保护生态资源为基本前提，应减少对生态栖息地的影响，宜适量设置自然教育、观

---

① 参考：《公园设计规范》（GB51192—2016）和《黄浦江两岸公共空间设计导则》（2017）

光、休闲健身等活动场地；历史文化型以体现滨江风貌和文化特色为原则，宜设置文化博览、民俗展陈、观光旅游、艺术表演、音乐表演等活动场地；城市活力型以激活城市活力为目的，宜设置儿童游乐、节事活动、社交休憩、运动健身等活动场地。

（4）24种可活动场地一览。

注：下划线表示城市活力型适用；"＊"表示自然生态型适用；"#"表示历史文化型适用。

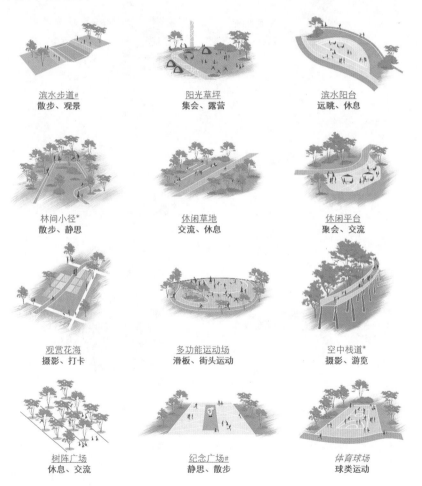

滨水步道#	阳光草坪	滨水阳台
散步、观景	集会、露营	远眺、休息
林间小径＊	休闲草地	休闲平台
散步、静思	交流、休息	聚会、交流
观赏花海	多功能运动场	空中栈道＊
摄影、打卡	滑板、街头运动	摄影、游览
树阵广场	纪念广场#	体育球场
休息、交流	静思、散步	球类运动

桥下空间#
通行、休息

地形草坡
玩耍、日光浴

生态栈道*
科普、游赏

游戏构筑#
玩耍、体验

游戏地坪
玩耍、亲子

环形舞台#
演出、聚会

文化景墙#
打卡、宣教

宠物乐园
遛狗、交友

图4-52 20种可用活动场地一览

（5）桥下空间。充分利用桥下空间营造特色节点。结合和利用桥底空间打造碧道沿线节点，利用桥下遮阴和通风场所配置各类活动设施，可适当增加桥底空间高度，提升空间品质。区分步行道、自行车道。优化灯光、装饰、设施配置。

尺寸①：桥底空间面积大于100平方米时，应考虑增加桥底服务设置，如休憩空间、小型零售点；桥底空间面积大于200平方米时，宜布局设置户外多功能球场或健身设施、轮滑、滑板等体育设施。

营造方式：手法一是采用涂鸦装饰墙体，美化街头装置如电箱，在市民可接受范围，规划管理，以公益性质进行，形成文化景观。手法二是结合灯光照明设计采用可反光的金属板贴面，利用水面反光增加桥底亮度，扩展桥底空间感，减少压抑感。灯光类型可凸显景观性、渲染性、趣味性；在色温上应配合四周环境来确定使用色系范围，如冷色系、暖色系，颜色不宜超过3种。

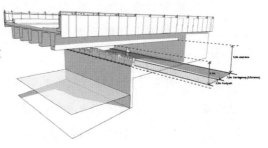

1. 通过性桥底空间
- 桥底净空不得小于2.8m
- 桥底空间不得小于6m，其中步行道不得小于2m
- 栏杆高度不得小于1.1m

图4-53 通过型桥底空间设置模式图

---

① 参考：《珠江贯通工程规划指引》（2018）

2. 可停留性桥底空间
- 桥底净空不得小于 3.3m
- 桥底空间不得小于 7m，其中步行道
  及停留空间不得小于 3m
- 栏杆高度不得小于 1.1m

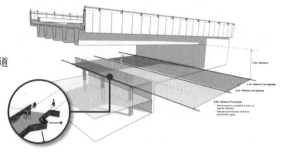

图 4 -54   可停留型桥底空间设置模式图

七、碧道风廊：引风入城

城市通风廊道的构建是提升城市空气流通能力、缓解城市热岛、改善人体舒适度、降低建筑物能耗的有效措施，对局地气候环境的改善有着重要的作用。碧道风廊要在风阻障碍物、引风口、风廊通风坡谷形状、绿地植被的作用下起到引风调节碧道水岸微气候的作用。

碧道风廊是指沿城市溪、涌、河、江沿线，以提升城市空气流动性、缓解热岛效应和改善人体舒适度为目的，为城区引入新鲜冷湿空气而构建的水与岸的连续线性开敞通道。

"城市通风廊道"指以提升城市的空气流动性、缓解热岛效应和改善人体舒适度为目的，为城区引入新鲜冷湿空气而构建的通道。

通风廊道应与大型空旷地带联系，例如主要河涌、相连的休憩用地、美化市容地带、非建筑用地、建筑线后移地带及低矮楼宇群，贯穿高楼大厦密集的城市结构。通风廊应沿盛行风的方向伸展。在可行的情况下，应保持或引导其他天然气流，包括海洋、陆地和山谷的风，吹向已发展地区。

（1）风廊方向与夏季主导风向一致：风廊方向尽量与东南向的夏季盛行风向一致。更要注意污染源和夏季高温季节的盛行风向，以此来确定风廊的位置、走向，使其最大限度地发挥调节微气候的作用。

（2）风廊的长度和宽度应达到规模：风廊要达到一定的长度和宽度，才能发挥风廊的通风、降温、增湿等气候调节功能。

长度策略：风廊在某一方向上的长度至少为 500 米，达到 1000 米以上为佳；

宽度策略：风廊宽度至少为边缘树林或建筑的 1.5 倍，最好达到 2～4 倍；在任何情况下廊道宽度不应小于 30 米，最好达到 50 米；冷空气风廊的理想宽度为 400～500 米，最小宽度为 200 米。

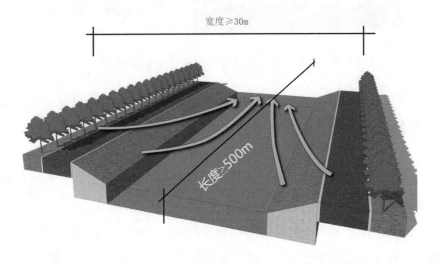

图 4 -55　风廊的最小长度和宽度要求

（3）优先采用倒梯形断面：入口位置应扩大风口面积，同时采用倒梯形的断面形式，有利于空气的流通，风廊是调节小气候的关键，也是小气候环境最优越的地方，应最大程度形成网络状，与碧道周边居民休闲设施相结合，可满足百姓的要求，但避免断面中的障碍物，以防止对空气流动的阻碍。碧道风廊设置有避免气流上升的高大绿地植被，引风改变风向的风阻障碍物，引风口设置的水面水蒸气自然降温系统，梯形断面通风坡谷。

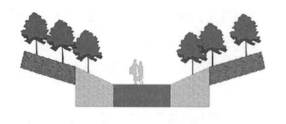

倒梯形断面：
坡谷效益，通风更好

平面断面：通风一般

图 4-56 风廊通风效果对比示意图

（4）结合碧道打通水网与城市绿带的通风纽带：碧道风廊应和城郊区域绿地直接相连形成整体，并贯穿城市内部，避免出现"绿化孤岛"；相应变形的风廊体系相比直线型更宜形成气压差促进内部通风；风廊风口与主导方向呈一定夹角时，穿堂风最为顺畅，此外增加廊道曲折度利于风的流动。

风廊的优化策略：将绿岛两端廊道打通，在保证整体同一方向的前提下，增加绿地廊道与外围自然环境沟通的开口，并适当丰富廊道形式，以枝状绿地廊道与外围进行沟通联系。

（5）提高引风口效率：应选择盛行风区域入口，利于场地内风环境的改良，借由障碍物的风阻效应，增大受风面积，控制空气流动的方向，将大量的空气收入通风廊道，通过辐合作用不断增大风口处的气压。引风口设置水面，利用水的蒸发吸收热量，降低气压引导气流增强采风效果，同时降低进入风廊的气流温度，较冷的气流重量增大，下沉进入空气廊道。

风廊的优化策略：

a. 引风口利用高大乔木或其他构件避免气流上升；

b. 引风口宜与河涌水网结合或设置水面；

c. 引风口应设置在盛行风的方向，采用开敞漏斗形状。

（6）连接风廊的绿地松散种植，增强通透性：大型绿地与完善的绿化网络都是构建城市通风系统的重要措施，碧道风廊的设置必须充分利用城市已有的绿地资源。

风廊的优化策略：

a. 连接风廊的绿地植被应松散种植，以增强通透性、提高粉尘沉积效率；

b. 绿地周边建筑群宜低密度、通透布局，以支持空气流通。

（7）下垫面粗糙度应小于 0.5 米：地表粗糙度是反映地表起伏变化的指标，风速为 0 的位置并不在地表，而是在离地表一定高度处，这一高度被定义为地面粗糙度。降低林间地表粗糙度，连接树林与作用空间，保护冷空气生成区域与冷空气流出区域；风廊下垫面的空气动力学粗糙度 Z0≤0.5m，零平面位移高度 d0 要小到可以忽略。

八、文化设施：弘扬地方文化

充分利用碧道滨水空间，设置丰富的文化设施，以挖掘历史内涵、延续弘扬历史文化、彰显地方特色。

文化设施是传达城市温度和性格的重要元素，碧道沿线适度布局文化设施（包括文化娱乐、观看演出展览、参观博览等），可形成浓郁的文化氛围、强调地域特色，传达文化自信。主要包括历史文化遗产保护、非物质文化遗产的保护与利用以及文化设施的布设三个方面内容。

（1）加强非物质文化遗产保护与利用。

非物质文化的保护与营造应围绕港口金融、贸易、工业等时代特征展开，将能够代表非物质文化的意识理念、历史传说、民俗及节庆活动、地方表演艺术、传统产业知识和制造技能，以及与之相关的器具、实物、手工制品以一定的原真度还原入真实的空间中。

（2）坚持原创设计，体现广州特色和岭南文化。

文化设施设计必须体现广州地方特色，展现广州城市精神，彰显岭南文化，诉说广州治水文化、治水历史、治水故事和场地原有历史文化记忆；文化设施设计必须是原创设计，或是经过许可的，严禁仿制品，严禁有违风土人情的文化设施和公共艺术品出现。文化设施风格需与周边景观相协调，材料应坚固、耐用。

（3）结合现有空间和设施设置文化设施。

合理、灵活布设文化设施，鼓励结合场地地形、空间尺度、防汛墙、滨水护栏、休息坐凳、树池梳篦、地面铺装等场地空间、场地设施进行设置，中小型公共艺术品的塑造应结合建筑、构筑物、铺装、绿地等空间载体进行依附式设计。可选取废弃材料回收、历史场景真实还原、历史场景抽象表现等手法，从而增强公共空间使用者的文化认同感。

九、服务设施：完善服务配套

碧道服务设施应参照《广东万里碧道设计与运维技术指引》（报批稿）进行设施选择与布设，尽量优先利用现有现状设施，进行局部改造、提升，便民服务设施、环境卫生设施、照明设施尽量结合实际集中布设，避免设施过于分散，影响使用。

配套服务系统主要为市民提供信息咨询、休闲游憩、康体活动、商品租售、医疗救助、安全保卫、管理维护等服务。其类型包括便民服务设施、安全保障设施、环境卫生设施、照明设施、停车设施和通信设施。

（1）便民服务设施。

①驿站建设应优先利用现有建筑设施：碧道中的驿站可整合原有绿道驿站进行布置，无法满足碧道服务需求的驿站通过改建、扩建和补充配套设施重新打造碧道驿站。严格控制新建设施的数量和规模，新建设施的规模应与碧道容量相适应。

②驿站功能应提供碧道游览多类型服务：驿站的功能包括休息处、

文体活动场地、售卖点、医疗点、治安点、自行车租赁点以及办公管理用房等。结合驿站规模，根据不同区域和类型的碧道配置驿站服务功能，提高滨水空间综合服务水平。其中一级驿站主要为综合性驿站，包括公厕、自动售卖机、储物柜、冷热直饮水、共享雨伞机、室内活动（如图书角、党员活动室、文化宣传、科教宣传、博物展览、艺术展览、文艺表演等公益性服务）等功能；二级驿站为基本型驿站，包括基本公厕配套、自动售卖机等功能。所有驿站禁止提供高档奢侈品经营服务。

③驿站设计与建设规模建议：一级驿站建议占地面积不小于150平方米，建筑面积不大于200平方米，二级驿站建议占地面积不小于60平方米，建筑面积不大于120平方米。驿站建筑层数以1层或2层为主，不宜超过3层，室内净高不应小于2.4m[①]，驿站布设可利用堤内空间和已有配套市政公厕等结合设置。

④鼓励结合驿站布设公厕：根据碧道驿站服务点的规模和梳理，设置相应蹲位的公共厕所。都市型、城镇型碧道应尽量利用碧道周边现有公厕，若驿站距离大于1500米时，可考虑增设一处公厕，以2~3个蹲位为宜。乡野型、生态型碧道结合驿站服务点设置公厕，距离大于3000米时，可考虑增设一处生态环保型公厕，以2~3个蹲位为宜。公厕应设置明显的内外部标识，满足无障碍。考虑到女性排队时间明显多于男性，所以应扩大女厕厕位的比例，男女厕位比宜为1：2~2.5。对于碧道中一类固定式公共厕所和重点区域的活动式公共厕所应设置第三卫生间，靠近公厕入口区域，使用面积不应小于6.5平方米[②]，服务于老、幼及行动不便者。

⑤设置自行车停放点，规范单车停放：在碧道主要出入口、一级驿

---

① 参考：《公园设计规范（GB51192—2016）
② 参考于《城市公共厕所规划和设计标准（CJJ 14）》与《公园设计规范（GB51192—2016）》；

站周边、重要活动节点周边设置自行车停放区域。自行车停车场宜采取地面形式，可采用划线形式进行停车规范。因场地限制确需设置立体停车设施时，设施不宜超过两层。单台自行车按 2 米 ×0.6 米计①。停放方式可为单向排列、双向错位、高低错位及对向悬排。车排列可垂直，也可斜放。

（2）安全保障设施。

①合理布设必要的救生设施：应布置取用方便的应急落水救生和应急医疗救助设施，沿大江大河岸线每 100～120 米左右，应设置 1 套救生圈、救生绳和救生爬梯，其他类型岸线建议每 200～300 米设置 1 套救生圈和救生绳②，有条件时应将救生设施安装在公安视频监控范围内。应结合滨水综合服务点设置应急医疗救助点，救助点应提供必要的应急医疗救助设备，包括医疗救护药箱、自动体外除颤器等，为市民、游客提供应急救助服务。

②滨水护栏优先保证防护安全性：

高度要求：护栏高度原则上不应小于 1.05 米，护栏构件间的最大净间距不得大于 140 毫米③。

材料要求：坚固牢靠，耐久性强，满足一定使用年限的优选。

细节设计：护栏内隔断采用竖向设计防止攀爬翻越，不宜采用横线条护栏；外露杆件与铺装贴合平整、紧密，护栏构建连接处焊缝平整、饱满、美观，焊接后需打磨锉平。

③滨水护栏与碧道场地环境、历史文化相契合：新建和改建护栏设计应与碧道环境相互融合，突出历史文化内涵打造滨水景观亮点。护栏栏板面可增加装饰图案，可选用木棉花、广州塔、五羊雕塑、中山纪念

---

① 参考于《停车场规划设计规范（GBT51149—2016）》
② 参考：《黄浦江两岸公共空间设计导则》（2017）
③ 参考：《公园设计规范（GB51192—2016）》

堂4种元素，护栏夜景照明采用隐藏灯具设计，见光不见灯。

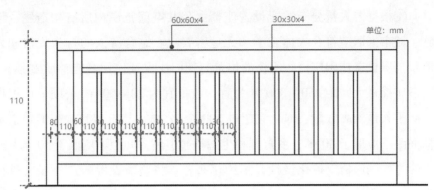

图4-57　栏杆设计示意图

（3）环境卫生设施。

①统一设计、合理布局垃圾箱：垃圾箱应统一设计、设置，体现广州碧道特点，根据所在场所的流动人群的活动特征，有针对性地设置垃圾箱，根据步行舒适距离250～300米间隔灵活设置，在出入口、广场、大型活动集散场地、公交、码头和轨道车站等人流量较大的区段可加密到30～50米。可沿用广州市现行废物箱形式，箱体内外表面光洁，平整无凹凸，顶部与侧面可加装 logo，投放口大小应方便行人投放废弃物，箱体高度为0.8米～1.1米[①]。

②鼓励设置分类垃圾箱，引导垃圾分类：根据广州市最新颁布的垃圾分类指南，根据实际情况设置蓝、绿、红、灰四种颜色垃圾桶，分别对应可回收物、厨余垃圾、有害垃圾、其他垃圾，碧道体系中可以不设绿色垃圾桶（厨余垃圾）。垃圾桶有明显指引，提醒投放垃圾时要注意区分垃圾类型，设置应满足游人垃圾的分类收集要求，与周边区域生活垃圾分类收集方式应和分类处理方式相适应。

---

① 参考：《广东万里碧道试点建设指引》（暂行稿）和《广州市城市家具建设指引》（2020）

（4）游憩服务设施。

①根据游人量分布情况设置座椅：公共空间范围内所有构造物、设施、城市家居应符合人体工学和无危害要求。结合游人的行为规律和人流量情况设置休闲座椅，座椅的位置与朝向应保证使用者能够欣赏景观。一般座椅最大间距250～300米为宜，数量宜为20～50个/公顷，可根据实际游人量调高数量，但不宜超过200个/公顷。都市型和城镇型碧道座椅间距不应低于40米，乡野型和生态型碧道座椅间距不应低于80米①。

②鼓励座椅一体化设计，集约化布置：将座椅设置与户外场所进行景观一体化设计，可采取固定常设座椅、可移动的常设座椅、临时座椅等多种形式进行一体化设计。碧道中的广场、节点、滨水空间、漫步道区域、小型绿地等可设置休闲座椅，避免太阳暴晒，造型满足人体舒适度要求，转角处应作磨边倒角处理或圆弧式设计；重要景观区、景观节点可设计艺术化座椅，使座椅成为环境景观的亮点

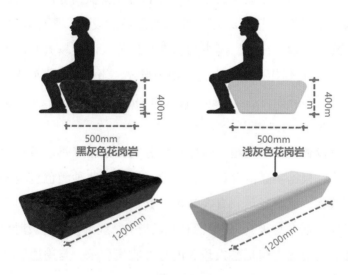

图4-58 碧道座椅设计示意图

---

① 参考：《广东万里碧道试点建设指引（暂行稿）》和《黄浦江两岸公共空间设计导则》

尺寸规格：座椅长度宜为 600～1200 毫米，面宽 400～450 毫米，高度 380～400 毫米；如有靠背，靠背倾角宜为 100～110 度。垂面向内倾斜 150～200 毫米或局部镂空。

设计颜色：优先黑或灰色，其次根据周边环境选择颜色。

选用材质：优先选用石材等坚固、耐久性材料，表面光滑无凹凸。

③保证同一条碧道标识内容一致性：保证同一条碧道内部导向信息的连续性、设置位置的规律性和标识内容的一致性。在同一条碧道标识系统中，表示相同含义的图形符号或文字说明应相同，且符号和文字与其背景应有足够的对比度。可增加二维码扫描功能。

④标识设置不可占用通行区：标识设施应设置在绿地或设施带内，不占用三道通行区，不影响行人安全及顺畅，距离路缘石 450 毫米。标识设施不得压占无障碍设施和盲道两侧各 250 毫米的人行道；标识设施不应压占市政管线检查井，并留出管线维修的合理空间；标识设施不应压占设施带内树池，不影响行道树的生长环境。标识设施应反映 1000 米范围内的公共设施、大型活动空间和主要景观节点的行进方向。标识设施的设置间距应为 300～500 米①。

⑤鼓励结合滨水空间和滨水设施融入标识系统，利用现状绿道标识改造提升为碧道标识：可利用现状地线、滨水护栏、地面铺装、休闲坐凳、已有指引牌等融入碧道标识系统。由于碧道设计范围大部分与原有绿道重叠，在原有交通组织与慢行系统不变的情况下，建议利用现状绿道标识改造为碧道标识，节约建设成本。改造方式主要为增加碧道标志，强化碧道相关内容指引，清洗标识饰面等，保证同一条碧道标识内容一致性，采用同一形式。

⑥鼓励有条件的碧道沿线设置洗手台：对于有滨水儿童活动、体育运动、亲水活动、水上活动等碧道沿线鼓励设置洗手台，应设置于人流

---

①　参考：《广州市城市道路全要素设计手册》（2018）

密集处，便于使用。外形设计应美观大方，占地空间小，产水率高，保证水质卫生可靠，运行稳定。

⑦突出公用性原则，采用一体式洗手台：洗手台（直饮水）的设计应突出公用性原则，坚持以人为本，坚固耐腐，具有鲜明特色。设置高度 750 毫米~850 毫米①，从人性化、无障碍考虑，满足不同的需求。建议采用一体式洗手台（直饮水），内部有专用水处理装置，直接将自来水处理成符合国家标准的饮用水。

十、沿街界面：统一沿线风貌

碧道沿线需加强腹地空间和滨水空间的复合，构建多元空间，并且保证沿线界面的统一、开放和连续，从而提高滨水空间的公共性、开放性、可达性、协调性，让河道空间和城镇布局成为相互依存、城水相融的关系。

碧道沿线界面指与由碧道水岸相邻的交通界面、公共空间界面、建筑界面为主的相关联界面，空间内的各要素与碧道相互联系，协同发展。

（1）沿线交通界面。

①加密滨水区域通道密度，加强与城市公共交通系统的衔接。提高碧道沿线滨水地区路网密度和步行网络密度，采用过街斑马线、过街安全岛等形式破解市政道路空间隔离，加强碧道与城市腹地空间的联系。碧道周边公交汽车、轨道交通、水上巴士等公共交通站点可通过标识有效指引碧道出入口，提高碧道可达性。碧道周边 2 千米范围内资源点可通过标识指引或碧道连接径等形式有效引导碧道空间外延和资源串联。

②差异化设置垂直于碧道的慢行道间距，提高碧道沿线滨水地区的路网密度。结合腹地功能灵活积极开辟进入碧道的慢行出入口，提高碧道的可达性。根据沿线腹地公共活动、生活服务等主导功能类型，差异

① 参考：《广州市城市道路全要素设计手册》（2018）

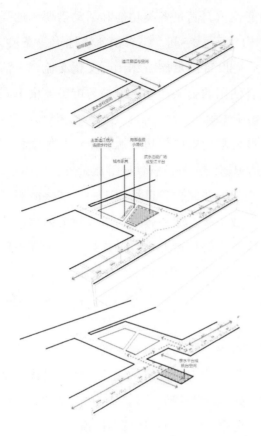

第一步：建立横向联系，打通连江的步行空间和廊道，提升碧道周边小路网密度和增强碧道可达性。

第二步：逐步转化和优化滨水腹地空间功能，根据尺度和地线融入活动、增加设施，使得岸、路、城的空间一体化。

第三步：结合岸线重塑和后退营造凹凸变化的岸线，布局下沉广场和亲水平台，进一步丰富一线滨水空间的同时互补腹地功能。

图 4 -59　差异化布置慢行道间距示意图

化设置垂直于碧道的慢行道间距，增加其功能性。

（2）沿线空间界面。

①引导碧道沿线腹地用地的混合，强调功能复合。应注重营造碧道沿线高低有序、形态优美的建筑界面。鼓励现状建筑结合整体城市设计进行更新改造，新增建筑设计应与碧道景观特点、现有建筑充分协调，最大限度实现滨水空间公共开放。通过底层建筑功能的公共性设置，打开建筑界面，增加建筑出入口，滨水空间充足符合处所容貌管理规定的可适当设置商业外摆，将建筑内部空间与周边滨水空间形成直接的联系，提升滨水活力。

②提高滨水区域的公共功能比重，满足各类功能和活动需要。加强腹地空间和滨水空间的复合，构建多元空间，结合滨水、地形等条件，整合腹地、滨水、水上空间，灵活设置满足旅游休闲、文化交流、生活旅游、体育健身等多种功能复合使用的公共活动场所，为市民提供不同标高、不同形式、不同视野的场所体验。

③加强碧道连接径设计，最大限度串联周边资源和产业。加强碧道与沿线腹地城市公园、湿地、历史街区、特色餐饮区等旅游资源的连接，策划碧道形成差异互补的旅游功能，并完善碧道沿线第一街区旅游服务配套设施，形成与腹地联动的旅游系统。加强碧道与沿线腹地创意产业园区、高新技术园区、专业化园区等特色产业资源的连接，满足高素质人才的休闲、健身、游憩、交往等需求，促进碧道沿线形成创新发展地区。

（3）沿线建筑界面。

①沿河形成富有韵律的建筑群落，提高建筑精致度。整体考虑营造沿河两岸富有韵律、特色突出、形态优美的建筑景观。鼓励现状建筑结合区域整体城市设计进行更新改造，新增建筑的设计应充分考虑精致度、景观性，与现有建筑和景观特点充分协调。历史风貌型河道（段）两侧，应充分尊重原有建筑肌理、体量、色彩、风格，传统建筑应做到修旧如故，新建建筑应与传统建筑、历史风貌相协调。引导宜人的河道滨水两侧建筑高度。

宽度不大于12米的河道（段），应双侧控制建筑高度，建筑高度不宜大于河道宽度加两侧滨水开放空间宽度之和。宽度大于12米的河道（段），应单侧控制建筑高度，建筑高度不宜大于该建筑至相邻河道蓝线的宽度。

②控制建筑间口率，保证滨滨水景观的通透性。控制碧道沿线水地区建筑间口率，原则上滨水地区地块开发建筑间口率应控制在70%以下，以保证滨水景观的通透性。

③形成"前低后高"的滨水建筑形态。

建议临江一线建筑（指未审批地块主导功能建筑）高度宜控制在60米以下[①]，塑造有韵律感的天际线。临江一线街区应为公共活动退让公共开放空间，临珠江前航道两岸建筑应退岸线布置，建筑退江岸线高宽比宜小于1。历史城区范围内的新建建筑高度直接按照《广州市历史文化名城保护规划》和其他各保护规划的要求进行落实。

---

① 参考《上海河道规划设计导则》（2018）

第五章　广州碧道规划设计体系构建

第一节　广州碧道的顶层设计

线性开敞空间建设一直是广州市乃至广东省城市空间治理的重要手段，2008年广州率先试点绿道建设，开启了城市线性开敞空间的供给，增进了城乡的交流与融合。2016年，广州结合城市道路全要素改造，进一步优化城市线性开敞空间供给方式，以街道重塑带动社区、桥下等城市空间升级。在新的国土空间背景下，2018年，广州市响应省委省政府号召开展千里碧道规划和建设，以河流这一天然的线性开敞空间为纽带，从流域视角开展水、产、城整体谋划，破除传统城市治理中空间关系割裂、资源利用受限、缺乏长期谋划等问题，统筹山水林田湖海，将治水与治岸、治产、治城联动规划，谋求城市水岸发展的内生动力，实现河湖长治久清和城市长效治理。

一、流域尺度、水陆联动：依托天然河涌水系推动城市空间治理

（1）空间范围：从"水域本体"向"水陆联动"转变。

流域作为水文化的重要地理单元，指由分水线所包围的河流集水区，流域面积因集水区内水系级别、长度不同而差异巨大，一般一级流域面积普遍大于10万平方千米，二、三级支流以下的小流域面积则通常小于

50 平方千米。我国传统的流域空间演变首先是从自然水系统的塑造作用开始，然后进行水利工程的改造，最后通过土地耕作和聚落营建加以定形，因此流域空间与区域景观系统往往高度重合，整体风貌与空间肌理表达了地形地貌、河流水系、自然植被等自然环境特征，以及叠加于之上的水利系统、农业体系和聚落系统等文化特色，由此形成不断演变和适应的城市系统。流域尺度下的城市空间治理应以流域为单元，强化河道作为城市多种功能的复合空间和生活交往的空间载体，从仅仅关注"水域本体"向"水陆联动"转变。

　　以完整流域空间作为治理对象，统筹流域内水环境、水安全、水生态、水游憩等各要素，基于水域环境本体、水生生物完整性、岸边带生态系统开展流域河流健康评估，参照广州市河道管理控制线划定范围，划定一类、二类、三类河涌碧道管理控制线 6～30 米，碧道协调范围为临水的城镇第一街区，碧道延伸范围为水系沿线周边 2 千米以内地区。碧道管理范围内逐步清退污染企业、整治污染排放，最大限度保留河流自然形态和河漫滩，引导生产岸线向生活、生态岸线转变，建设协调范

图 5-1　广州千里碧道管控、协调、延伸范围示意图

围内重点整合沿线各类自然生态、历史人文、城市功能要素，实现山水林田湖草综合治理，从源头治理，系统治理。通过流域内河涌碧道控制线的划定实现水陆空间统筹、水岸联动、蓝绿融合。

（2）规划思维：从"工程设计"向"空间设计"转变。

针对过往城市空间单一治理模式，广州碧道规划突破既有工程设计思维，突出河涌的安全属性、生态属性、人本属性，对规划、景观、市政、交通、生态等要素和专业进行有机整合，强化空间，淡化蓝线，不仅考虑河道、功能、水位、流速和流量等水利工程要求，更强调水生态下的生物多样性修复、水岸资源的串联、空间的高品质以及滨水经济带的建设。规划侧重点从水域到陆域、由黑臭河涌治理、堤防建设向河道及沿河陆域综合整治、由线性施策向综合施策转变，提出 7 类 17 项碧道规划建设指标，其中强制性指标 6 项，指导性指标 11 项，以期通过指标管控和整体水岸空间一体化规划实现城市空间的综合治理。

二、机制创新、部门协同：确保流域空间治理目标实现

（1）制度设计："规—建—管"一体。

广州碧道建设涉及水务、规划、住建、园林、交通等多个部门，要确保流域整体空间治理成效，水、岸、城协同治理目标，工作机制创新和顶层统筹是实施的关键。广州市首先进行顶层设计，制定《广州市碧道建设总体规划（2019—2035 年）》（以下简称《总体规划》）明确总体目标、建设内容、实施路径，划定碧道管理控制线和河湖生态缓冲带，并尝试纳入市级国土空间规划。编制《广州市碧道建设实施方案（2020—2035 年）》（以下简称《实施方案》）提出近期具体碧道建设名录，建设指标，实施计划，统筹市级部门和区级地方工作。编制《广州市碧道建设技术指引》提出"碧道十条"的工作模块，细化建设标准及要求，精细化指导碧道建设。编制《广州市碧道建设评估标准》指导碧道建设评价和验收工作，完善碧道建设技术标准体系。其中《总体规划》

和《实施方案》由市委市政府颁布实施，其余技术标准文件由市河长办颁布实施，以上顶层设计文件初步搭建了广州市碧道建设的"规—建—管"一体化工作流程，有力推动了各部门、各专业、各区域在流域空间治理中的目标协同、工作联动和技术整合，确保流域尺度下城市空间治理目标的实现。

（2）工作机制：基于河长制平台的多部门协同。

为进一步推动流域空间治理的部门协作，《实施方案》提出以河长制、湖长制为平台，以全面推行河长制工作领导小组负责组织和统筹全市碧道建设工作，并参照河长制组织体系，建立政府主导、部门联动、分级负责的常态化工作机制，其中市管河道（涌）、重要公园碧道项目由市政府出资区政府建设，其他河道碧道项目由区出资区建设；结合碧道建设"5＋1"重点任务，整合发展改革、财政、自然资源、住房城乡建设、水务、园林、交通等各部门工作内容，将碧道建设与黑臭水体治理、中小河流治理、城市堤防建设、海绵城市建设、美丽乡村、全域旅游相结合，协调各类专项资金和项目安排，并将碧道建设工作纳入河长制考核体系，组织对碧道建设计划完成情况进行年度评估，据此优化、明确下一年度各部门各分区建设目标任务，形成工作合力。

第二节　广州碧道的创新内容

河流是联系各种生态和人文要素的天然纽带，是上下游、干支流等物质、能量传输与交换的重要载体，而流域具有其独特的生态完整性和地方文化，二千年来，广州市人民临水而居、依水建城，水是广州立城之本、生活之源。

广州市将碧道建设作为城市治水升级版，实现从单纯治水到城市综合治理，还清于水、还水于民、还绿于岸，统筹山水林田湖海综合治理、系统治理、源头治理，改善流域生态环境、实现空间综合利用、带动产业转型升级、激活片区多元价值，并结合自身实际，深化细化省万里碧道"三道一带"空间要求，提出"水道、风道、鱼道、鸟道、游道、漫步道、缓跑道、骑行道"八道合一和"滨水经济带、文化带、景观带"三带并行的"八道三带"空间范式，保护珠江生态岛链、建设碧道风廊、水鸟走廊，恢复鱼类洄游生态圈。协同岸线、河滩、沿岸绿地等整个水生态系统的整治与修复，形成水体全循环过程的系统治理；同时注重与广州城市通风廊道体系的有机结合，保障河道风的通畅性。打造蓝线上的公共服务综合带，让河道的自然生态与亲水体验再次繁衍，实现堤内外、上下游、干支流、左右岸系统治理，打造广东万里碧道建设的"广州样板"，助力广州实现老城市新活力和"四个出新出彩"，建设具有独特魅力和发展活力的国际大都市。

一、三个核心转变

（1）理念转变：从"水岸防护"到"水岸一体"。

目前的水系规划与岸边城市空间建设往往相互割裂，水系建设多以蓝线管控和硬质驳岸建设为主，虽对加快和保障水系建设发挥了主要作用，但在新发展背景下，不应成为提升城市水岸空间生态、活力、品质的隐形障碍。碧道的根本目的是实现人、水、城紧密联系，因此要在观念和实践中真正实现从"水岸防护"到"水岸一体"的转变，将防洪、防污、防涝等被动应对转变为亲水、玩水、用水的主动利用，把设计范围从蓝线内部拓展到蓝线以外的水岸空间，对河道两岸2千米以内的空间内容进行整体统筹。

（2）空间转变：从"片段整治"到"流域统筹"。

目前水岸建设多以干流规划、节点设计为主，难以形成整体性，应当基于碧道工作，开展流域统筹，统筹沿线山水林田湖草资源、统筹流域水治理和水生态、统筹干流线位、特色、边界，统筹重点水系建设内容，统筹全市水系建设计划与标准等。

（3）理念转变：技术转变：从"工程设计"到"整合设计"。

碧道不仅包括水也包括岸，目前的水系建设多以水利为主导，强调工程属性和结构设计，而对整体水岸空间和环境景观考虑甚少。应突破既有的工程设计思维，突出河涌的生态属性、人本属性，对规划、景观、市政、交通、生态等要素和专业进行有机整合，强化空间，淡化蓝线，打造涌＋堤＋路＋岸＋径＋林的多样组合，通过整体空间设计塑造特色碧道。

二、"多廊＋多点"广州碧道水鸟走廊

（1）碧道水鸟走廊 3S 廊道体系构建设计。

广州碧道水鸟走廊采用 3S 廊道体系，主要包括源、踏脚石、目标地。3S 廊道体系构建是以广州乃至大湾区境内的黑脸琵鹭为旗舰，将"水域、海岸、丘陵、入海口"有机结合，建立集合"点（湿地公园）、线（自然水道）、面（沿海地带）"为一体的空间布局，打造出具有国际影响力的东亚地区沿海的水鸟走廊。其中重要水鸟的选择包括珍稀濒危物种（国家 I 级、II 级重点保护物种和全球濒危物种）；种群数量达到 1 万只以上或达到全球种群总数 1% 的物种；受人类干扰威胁严重，野生种群下降显著的物种；在生态文明建设或疫源疫病监测中有重要价值的物种；繁殖地、越冬地或中间停歇地位于大湾区境内的物种；具有较好的本底调查资料和科学研究资料、生态习性比较清楚的物种。

源的构建：采用层次分析和模糊综合评价法对"源"的适宜性进行评价，该评判方法依据模糊数学中的隶属函数原理进行，即依给定的评价标准和评价因子的实测值，经过模糊变换，给每个评价因子赋予一个非负实数，得到评价结果，再与评语集相对照，最终得出"源"的适宜性等，依据层次分析方法，构建"源"的适宜性评价指标，分为目标层、系统层、状态层和指标层等层次。目标层从整体上描述了"源"的适宜

性，系统层包括"A1 栖息地重要性——A2 物种多样性——A3 人类活动"3 个子系统，状态层决定各子系统的主要组成部分，包括 B11 栖息地适宜性、B21 植物植被、B31 水环境等 7 个成分；指标层采用可测量方式获得的指标对状态层的数量表现、强度表现等进行监测，包括 C111 栖息地面积、C211NDVI 指数、C311N、P 污染等 10 个指标。最适宜的源为水鸟物种丰富度高，种群数量大，是珍稀濒危水鸟重要繁殖、越冬栖息地或关键性迁徙停歇地，受人类活动影响小；适宜的源是水鸟物种丰富度高，种群数量大，水鸟重要繁殖、越冬的栖息地，受人类活动影响小；基本适宜的源为水鸟物种丰富度中等，种群数量大，受人类活动影响为中等。

踏脚石的构建：连接程度的高低是踏脚石系统稳定性的重要因素，连接度高的踏脚石系统具有类似于走廊的作用。以簇群模式发展的踏脚石组合，才是一种最为稳定的系统。踏脚石之间的间距必须在可视距离范围内才具备连接功能，因此踏脚石系统的最大有效间距须根据大湾区水鸟的生物习性而定。

目标地的构建：基于逻辑斯蒂回归模型的水鸟目标地适应性选择，根据野外调查数据，结合当地自然条件和人为活动对水鸟栖息地的影响，建立起水鸟接受地的选择指标体系。包括城市湿地公园或湿地类型的保护地面积，目标地的大气温度、相对湿度、降雨量，归一化植被指数、利用 TM 影像像素灰度级的纹理分布信息，获得能增加栖息地水下信息、区分植被类型和植物覆盖度的 TM2、TM3、TM4 的纹理信息图，进行分析道路距离、道路密度、居住区距离、居住区密度。首先，设 P 为水鸟的发生概率值，并最后用于水鸟适宜性评价的概率值。那么 1－P 为水鸟不发生的概率，将 P/（1－P）取对数变换，记做 ln（P/（1－P），即使对 P 做 log 变换，以 P 为因变量，建立线性回归方程为：log（P）＝b＋$\Sigma bixini=1$，根据逻辑斯蒂回归模型，获得各个评价因子的系数权重值 b 和各因子的发生比 exp（b）值代入逻辑斯蒂回归模型中，得到水鸟在目标地发生的概率值,进而参照 FAO 的土地适宜性分级标准和目标地选择的原则,应用快速聚类分析法将目标地适宜点群分为 4 个等级,得到不同等级的聚类中心值、各聚类的样本数。分级评价标准,明确水鸟目标地适宜性在复杂空间中的等级结构及受制约的时空尺度。对目标地进行水鸟适宜性程度分类,分为最适宜目标地、适宜目标地、基本适宜目标地、不适宜目标地 4 类。最适宜的目标地土地被开发程度低,环境抗干扰能力强。适宜的目标地土地被开发程度较低,自动恢复较快,不影响水鸟栖息。基本适宜的目标地土地被开发程度中等,环境抗人为干扰能力中等,对水鸟栖息有较小影响。不适宜的目标地土地被开发程度高,环境抗人为活动干扰能力弱,对水鸟影响较大。

(2)"多廊 + 多点"广州碧道水鸟走廊。

水鸟走廊指将不同湿地、河湖连接起来,形成更大的湿地自然生态系统,水鸟可以从一处湿地通过"生态廊道"进入另一处湿地,向适宜的生境迁移,有利于基因流动并使生命得以延续。水鸟走廊具有改善水鸟物种多样性的功能。构建水鸟走廊将进一步加强广州生态防护功能,通过不同湿地的连接,为水鸟提供栖息地和迁移廊道,促进水鸟物种多样性的保护,加强红树林、沿海滩涂湿地的保护、营造与恢复,构建沿海绿色生态屏障。基于"3S"廊道理论,依托珠江、流溪河、增江、沿海滩涂等重要水系,在现有的各类湿地资源、自然保护区、湿地公园的基础上,根据水鸟分布现状及活动规律,结合周边人类活动实际情况,划定三级水鸟生态廊道主体,形成多廊加多点的广州碧道水鸟生态廊道空间布局。

多廊:"主—次—支"3 级 22 条廊道结构。主廊道利用广州山水地形、水道、滩涂和城市空间分布特点,形成连接水鸟聚集生态点的带状结构。次廊道为连接主廊道的自然河流。支廊道为连接主、次廊道与城市湿地公园或湿地类型保护地的小型自然河道。主廊道作为水鸟走廊的核心骨架,主要功能是保护和联通各处大型水鸟聚集区,作为水鸟迁移、

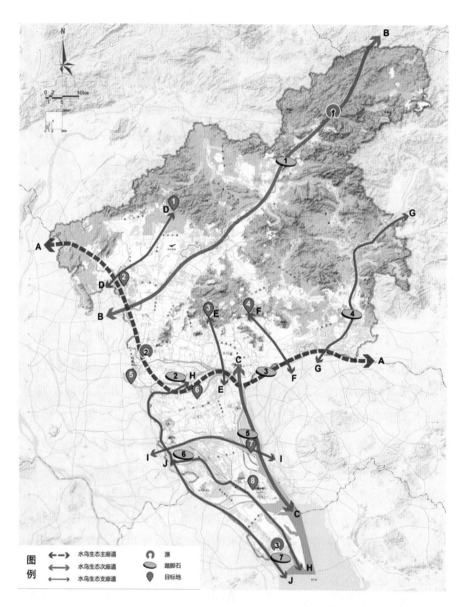

图5-2 广州市碧道"多廊+多点"水鸟生态走廊布局图

咸淡水循环的重要通道，需施行严格的生物保护及面源污染控制策略。次廊道作为主廊道连通的纽带，主要功能是主廊道间的水鸟迁移、水系循环的重要廊道，能够提供较好的雨洪及营养物质循环通道；同时，作为限制快速城市化进程的生态隔离带，降低水鸟栖息地的破碎化程度。支廊道作为主、次廊道与目标地连接的媒介，主要功能为连通主廊道与目标地、支廊道与目标地间水鸟迁移的重要廊道，作为提供湿地生态系统营养物质循环的通道，能够营造人居小气候和开展自然教育、游憩等。

主廊道分南北两段，主要呈东西走向。北段主要依托珠江西航道和后廊道沿东西向展开，东接东江北干流入东莞，西接西南涌入佛山，长约52.77千米，主廊道南段沿南沙海岸线分布，呈东西走向，长约26.35千米，主廊道建设具体是指在北部主廊道和南部主廊道区域内，通过开展水鸟聚集区保护建设、踏脚石质量提升建设和目标地生境营造建设，全面提升廊道生态节点的质量，鼓励新建保护小区和保护区优化升级等内容，在水鸟聚集区域建设优质混交林或芦苇等湿地植物群落，优化水鸟聚集区水域、滩涂、植被覆盖地等生境类型面积比例，在配置植物时优先考虑芦苇、香蒲等既能够净化水质又能够为水鸟提供优良的栖息环境且具有一定观赏价值的植物，同时选择桑葚、构树等食源性植物进行种植，起到招引水鸟的作用。

次廊道主要包括流溪河次廊道、增江次廊道和狮子洋—虎门水道次廊道3条，主要呈南北走向。流溪河次廊道长约153.35千米，需开展水鸟生态廊道栖息地生境修复，种植水生植物、投放鱼苗，开展水生植物种植建设，营造丰富的水草群落，根据源（流溪河水库）、踏脚石（从化河岛公园）、目标地（白云湖湿地公园）的湿地环境现状，开展生态节点生境质量提升，重点去除河岸入侵物种。增江次廊道总体沿增江分布，长约65千米，需对湿地生物多样性进行提升、开展湿地环境修复。根据适地适树的原则，优先选用优良乡土植物提升踏脚石区域的生物多样性。植物配置时优先考虑芦苇、香蒲等具有一定观赏价值的植物，同时选择海桐、野蔷薇、蛇莓等鸟类食源性植物进行种植，选择人为干扰严重、湿地景观效果差的湿地区域进行湿地景观优化，建设观鸟、亲水平台等。狮子洋—虎门水道次廊道长约38.69千米，重点开展湿地垃圾清理，开展水浮莲治理，开展雨污分流建设，控制排入湿地的各类水质，保护湿地生态环境，建设观鸟屋、观鸟栈道、亲水平台、近自然生态水岸景观。

十七段零散支廊道组。广州境内水鸟走廊支廊道组全长约270.62千米，共分十七段，包括流花湖段、石井河增埗河珠江段、增埗河段、佛山水道段、花地河西段、花地河东珠江段、南州路段、小洲村段、大石水道、科学城段、顺德水道段、榄核河段、洪奇沥水道段、沙湾水道段、新围上三顷段、蕉门水道段、蕉门水道珠江口段。支廊道主要开展目标地生境提升，主要内容是湿地环境修复，科学采取各类措施治理、修复目标地生态环境，增加目标地的生态容纳量，提高生态系统的稳定性，依据近自然理论，选用生态效益高且具有一定观赏价值的优良乡土植物对沿线湿地和岸边带进行景观提升，优化景观植物的种类、数量及空间配置。

表5-1 广州市水鸟生态廊道基本概况表

序号	廊道级别	廊道名称	经过的行政区	长度	主要建设任务	廊道节点
1	主廊道	北部主廊道	白云区 荔湾区 海珠区 番禺区 黄浦区	52.77km	植物群落提升、水鸟聚集区保护建设、生态水岸建设、建设观鸟屋、观鸟栈道、观鸟平台	流花湖公园、广州大学城湿地
2		南部主廊道	南沙区	26.35km	红树林保护与修复、优质水源涵养林建设、水鸟聚集区保护建设、生态海岸建设、建设观鸟屋、观鸟栈道、观鸟平台	广州南沙湿地公园

续表

序号	廊道级别	廊道名称	经过的行政区	长度	主要建设任务	廊道节点
3	次廊道	流溪河次廊道	从化区花都区白云区	153.35km	水鸟生态廊道栖息地生境修复、湿地景观优化、建设观鸟屋、观鸟栈道、观鸟平台	流溪河水库、从化河岛公园、白云湖湿地公园
4		增江次廊道	增城区	65km	湿地生物多样性提升、湿地环境修复、建设观鸟屋、观鸟栈道、观鸟平台	增城鹤之洲湿地公园
5		狮子洋-虎门水道次廊道	番禺区南沙区	38.69km	补植优质红树林、鸟类栖息地生境营造、水岸湿地景观优化、建设观鸟屋、观鸟平台	海鸥岛红树林湿地公园
6	支廊道	流花湖段	荔湾区越秀区	3.78km	湿地生物多样性提升、湿地环境修复、植物群落提升、栖息地生境修复、建设观鸟屋、观鸟平台	广州海珠国家湿地公园、荔湾区大沙河湿地公园、天河大观湿地公园、蕉门湿地公园
7		石井河增埗河珠江段	白云区荔湾区越秀区	4.54km		
8		增埗河	白云区越秀区	7.59km		
9		佛山水道段	荔湾区	5.8km		
10		花地河西段	荔湾区	3.88km		
11		花地河东珠江段	荔湾区番禺区	12.78km		

序号	廊道级别	廊道名称	经过的行政区	长度	主要建设任务	廊道节点
12		南州路段	海珠区	5.36km		
13		小洲村段	番禺区海珠区	8.68km		
14		大石水道	番禺区南海区	30.03km		
15		科学城段	黄埔区	15.75km		
16	支廊道	顺德水道段	南海区番禺区	38.97km	湿地生物多样性提升、湿地环境修复、植物群落提升、栖息地生境修复、建设观鸟屋、观鸟平台	广州海珠国家湿地公园、荔湾区大沙河湿地公园、天河大观湿地公园、蕉门湿地公园
17		榄核河段	番禺区	13.04km		
18		洪奇沥水道段	番禺区南沙区	40.81km		
19		沙湾水道段	番禺区南沙区	28.14km		
20		新围上三顷段	南沙区	7.59km		
21		角门水道段	番禺区南沙区	17.86km		
22		蕉门水道珠江口段	南沙区	26.01km		

多点：源 + 踏脚石 + 目标地。根据水鸟生态廊道中各部分发挥的功能不同，将水鸟生态廊道分为生态节点与迁徙通道两部分内容进行建设。其中生态节点包括源（Source）、踏脚石（Step stone）、目标地（Sink），

迁移通道主要包括沿海滩涂、红树林及河湖两岸的滩涂、沼泽地、河流湖泊及森林。

　　源，能为广州水鸟生态走廊提供水鸟种源的区域，主要为水鸟的聚集地，如水鸟物种多样性丰富度高、种群数量大的繁殖地、越冬地或关键性迁徙停歇地等。踏脚石，为"源"与"目标地"斑块之间的由一连串的小型斑块组成的踏脚石系统，是水鸟"源"与"目标地"斑块间自由迁飞的中间停歇地，主要为连接"源"与"目标地"的自然河道、滩涂等。目标地，依托于"源"与"踏脚石"系统的水鸟最终归属地，主要为城市内在生物多样性保护、公众教育、科学研究、环境监测等方面具有重要意义的湿地公园或湿地类型的保护地。

　　广州市水鸟生态走廊共划定水鸟种源区域 3 片，分别为流花湖公园、广州南沙湿地公园、流溪河水库，踏脚石区域 5 片，分别为从化河岛公园、正果湖心岛、海鸥岛红树林湿地公园、增城鹤之洲湿地公园、广州海珠国家湿地公园，目的地区域 6 片，分别为广州大学城咀头湿地公园、白云湖湿地公园、花都湖湿地公园、大沙河湿地公园、大观湿地公园、天河湿地公园、蕉门湿地公园、石门国家森林公园。

　　水鸟聚集区保护建设：新建保护小区和保护区优化升级等内容，在水鸟聚集区域建设优质混交林或芦苇等湿地植物群落，优化水鸟聚集区水域、滩涂、植被覆盖地等生境类型面积比例，根据本地实际种植一定宽度的植物防护隔离带，控制声音及夜间光线干扰。以生态链的各个环节为引导，在栖息地重建中补全缺失环节，形成相对完整的生态链。从而满足目标种群鸟类提供完整适宜的生境需求。若湿地环境较为单一，生物链中的主要种群缺失，就需要从基底改造开始对整个场地进行系统的构建，以满足不同鸟类的生态需求。以鸟类不同的栖息要求分别划分鸟类适宜的栖息环境，各种鸟类栖息地相对独立又相互穿插，模仿自然形态下的鸟类栖息地分布，从而形成相对集聚又相互联系的鸟类种群栖息地。

建设提升踏脚石质量：包括湿地生物多样性提升、湿地污染防治等主要内容。湿地生物多样性提升在配置植物时优先考虑芦苇、香蒲等既能够净化水质又能够为水鸟提供优良的栖息环境且具有一定观赏价值的植物，同时选择桑葚、构树等食源性植物进行种植，起到招引水鸟的作用。在有水鸟活动的荒滩湿地上，种植芦苇、香蒲等植物，建设适宜宽度的植物隔离带，防治各类污染及人为干扰。针对植物种类单一的湿地植物开展物种丰富度提升建设，主要包含果林植被、水面植被、滨水带植被、陆地植被等植物群落提升。优化湿地植物配置，种植芦苇、香蒲等净水植物，通过生物净水的方式提高湿地水资源质量，可以调节径流，防止水灾害、合理开发。开展湿地垃圾清理、水浮莲治理、雨污分流建设等、控制排入湿地的各类水质，加强对水岸两侧各类工厂污水排放的管控，严格控制污水直接排入湿地，保护湿地生态环境。

营造目标地生境主要包括湿地修复及其他主要内容。根据目标地现状采取相应方式营造适宜水鸟栖息的生境，开展近自然湿地建设，恢复适宜水鸟栖息的生态环境。通过对水岸地形的适度改造，营造缓坡岸带，可为湿地植物着生提供基底，形成水陆间的生态缓冲带，发挥净化、拦截、过滤等生态系统服务功能。利用物种在空间上的生态位分化，构建按水位梯度的条带式植物群落，可以提高滨岸带生物多样性，加强生态缓冲能力，促进形成多样化的生境格局。

营造浅滩，通过对临近水面起伏不平的开阔地段进行局部微地形调整（即局部土地平整），削平过高地势，减小坡度，以减缓水流冲击和侵蚀。对地势过高区域，通过削低过高地形、填土抬升水深处的河床等方式塑造浅滩地形，营造适宜湿地植被生长和水鸟栖息的开阔环境，使其成为涉禽、两栖动物的栖息地以及鱼类的产卵场所。营造深水区，营造一定面积的深水区，为鱼类休息、幼鱼成长及隐匿提供庇护场所，深水区地形的恢复，可满足游禽栖息和觅食需求。

三、珠江鱼道，恢复鱼类洄游生态圈

1. 流溪河、增江等重点水系鱼类资源情况

（1）流溪河鱼类资源情况：分布于流溪河流域的鱼类共计 5 目 17 科 78 种，其中鲤形目最多，共 53 种，占总数的 67.95%；其次为鲇形目与鲈形目，各 11 种，各占总数的 14.105%；鳉形目 2 科 2 种，占总数的 2.56%；合鳃鱼目 1 科 1 种，占总数的 1.28%。与整个广州市的淡水鱼类组成相比，各目的种类组成在比例上与广州市的基本相同。在鲤形目 53 种鱼类中，鲤科有 45 种，占总数的 84.91%；鳅科有 5 种，占总数的 9.43%；平鳍鳅科 3 种，占总数的 5.66%。各科的比例组成与广州市的基本相同。流溪河的鲤科鱼类包含广州市鲤科鱼类的全部 10 个亚科。其中以鲌亚科的 11 种为最多，占总数的 24.44%，其次为鮈亚科，有 7 种，占总数的 15.56%。个亚科的比例组成与广州市的基本相同。值得注意的是，广州市鱼丹亚科的全部种类在流溪河均有分布。

流溪河珍稀鱼类中有国家 II 级重点保护野生动物两种：花鳗鲡、唐鱼。列入《中国物种红色名录》的有 2 种：长臀鮠、异鱲。河口洄游性鱼类有：鳗鲡、花鳗鲡、七丝鲚、花鲈、白肌银鱼、弓斑东方鲀。江河半洄游性鱼类有：草鱼、鳙鱼、鲢鱼、鳡鱼、青鱼、广东鲂、黄尾鲴、光倒刺鲃。

（2）增江鱼类资源情况：增江的鱼类共计 6 目 18 科 75 种，其中鲤形目种类最多，共 50 种，占总数的 66.67%，其次是鲈形目，共 7 科 12 种，占总是的 16.00%，再次为鲇形目，共 4 科 9 种，占总数的 12.00%；鳉形目 2 科 2 种，占总数 2.67%，鲑形目及合鳃鱼目均为 1 科 1 种，均占总数的 1.33%，包括了广州市淡水鱼类全部的目和几乎全部的科。在鲤形目 50 种鱼类中，鲤科的种类最多，共 41 种，占总数的 82.00%；其次为鳅科和平鳍鳅科，分别有 6 种和 3 种，个占总数的 12.00% 和 6.00%。与广州市和流溪河鲤形目鱼类科级组成相比，增江鲤科的比例

略低，而鳅科的比例略高，平鳍鳅科的比例相仿。增江的鲤科鱼类同样包括了广州市鲤科鱼类的全部 10 个亚科。其中以鲌亚科的 8 种为最多，占总数的 19.51%；其次为鱼丹亚科和鲌鲴亚科，各 6 种，各占总数的 14.63%；而鳊亚科、鲃亚科和野鲮亚科所占的比例均超过 9%。各亚科的比例组成与广州市和流溪河的情况有一定差异。值得注意的是，广州市鱼丹亚科的全部种类虽然在增江也均有分布，但与流溪河相比，增江不存在明显的鱼丹亚科集中分布区域，鱼丹亚科鱼类的种群数量也相对较小。

2. 增设鱼道，修复鱼洞产卵场、索饵场，恢复鱼类洄游生态圈

广州水网密布，众多河流道上建设的拦闸坝主要功能为防洪、灌溉、发电和通航等，均未考虑过鱼设施对鱼类的洄游和鱼类族群的繁衍造成的影响。水利工程建设不仅阻隔了洄游鱼类的通道，对半洄游性鱼类和非洄游性鱼类也有很强的阻隔效应。已有研究表明，由于大坝的阻隔，完整的河流被分割成不同的片段，鱼类生境的片段化和破碎化导致形成大小不同的异质种群，种群间基因不能交流，使各个种群的遗传多样性降低，导致种群灭绝的概率增加。

鱼道增设：通过对珠江沿线闸坝进行改造增设鱼道，提供鱼类洄游的路径，重点对河海洄游、溯河洄游、生殖洄游和越冬洄游型鱼类进行鱼道增设，对于拦河闸和水头较低的大坝，宜修建鱼道、鱼梯、鱼闸等永久性的过鱼建筑物；对于高坝大库，宜设置升鱼机，配备鱼泵、过鱼船，以及采取人工网捕过坝措施。梯级闸坝建设影响了河流的自然属性，阻隔鱼类洄游和基因交流，影响了鱼类结构组成，应尽可能满足鱼类的需求，修建过鱼设施。

重点增设鱼道闸坝。广州市主要河道已实现梯级开发，鱼道建设为在已建闸坝工程上进行加建，因地制宜考虑和利用已建闸坝工程的条件，在确保过鱼效果的同时减少工程投资。根据拦河闸坝工程和鱼类资源调研情况，增设闸坝鱼道。主要过鱼包括光倒刺鲃、青鱼、草鱼、赤眼鳟、

鳙、鲢、鳡、广东鲂、鲮、鲴类、餐条类、鳅类、鮈类、虾虎鱼类、鳜类等。

闸坝工程改建鱼道方式的 5 种形式。①利用旧船闸改建鱼道：流溪河和增江均没有通航，部分早期的闸坝工程建有船闸或预留有船闸孔，如水厂坝、街口坝和大坳坝，利用废旧船闸和预留船闸孔改建成鱼道，可以减少工程量节省投资。鱼道结构形式可选择横隔板式鱼道和槽式鱼道。②利用冲沙闸改建鱼道：流溪河和增江来沙量较少，上游大中形水电站兴建后下游拦河闸坝的淤积量非常少，冲沙闸仅在冬修期作为放空闸用，且冲沙闸均是修建两孔，可利用一孔冲沙闸改建鱼道，如良口坝、青年坝和人工湖坝。鱼道形式可选择鱼闸、横隔板式鱼道和槽式鱼道。如人和坝是将冲刷闸改建成鱼闸形式。③在厂房侧墙边增设鱼道：部分拦河闸坝的电站为坝后式厂房，厂房进水渠在坝轴线以下，可在厂房侧墙边增设鱼道，鱼道进口设在鱼类集聚的厂房尾水处，鱼道出口在厂房进水渠侧墙上开孔，如人和坝、李溪坝、大坳坝和胜利坝。鱼道形式宜选择横隔板式鱼道。④利用闸坝泄水孔改建鱼道：部分闸坝建设年代较早，由于上游水库的兴建，现状的水文条件与当时的设计条件相比已发生重大改变，在进行充分防洪影响论证的前提下，可以利用闸坝泄水孔改建鱼道。鱼道形式可选择横隔板式鱼道和槽式鱼道。⑤在闸坝两侧空地建设鱼道：当闸坝两侧空地可利用时，可在闸坝两侧开旁侧通道建设鱼道，鱼道可为原生态式，尤其适用于有景观需求的闸坝，其他鱼道形式亦可。从调查数据分析，广州珠江流域需要依赖鱼道的鱼类有 50 种以上，保护水生态需要一类群的鱼类来形成功能群，完成水体净化系统——在这个过程中，同时保护了渔业资源。根据鱼类调查的情况分析，鱼道流速控制在 $1.0 \sim 1.3 m/s$ 较适宜，这种流速可兼顾 10 厘米至 60 厘米左右的鱼类种类。

修复鱼类产卵场、索饵场。生殖、索饵和越冬是鱼类生命周期的三个主要环节，三个环节往往相互联系。由于大坝将河道分成多段河段，部分洄游鱼类如花鳗鲡、鳗鲡等很难到达上游摄食、生活。受众多大坝影响，保护区内洄游性和中长距离半洄游的鱼类不多，尤其是产漂流性卵的鱼类如四大家鱼资源量很少，目前珠江流域尚无相对集中的规模化的漂流性卵的鱼类产卵场，多数产卵场如粘草性卵（鲤、鲫等）、粘沉性卵（南方白甲鱼、大刺鳅等）和隐藏性卵（斑鳢、粗唇鮠等）的鱼类产卵场则呈不集中的零散分布，其中重点需保护流溪河的中下游区域，有产粘草性卵的鱼类如鲤、鲫等的产卵场和海南华鳊的产卵场，珠江前后航道段存有鱼类产卵期鱼洞生境，以及牛栏河、白坭河等支流交汇处分布的鲮、赤眼鳟、黄颡鱼等索饵场，该区域水草茂盛，浮游生物、底栖动物相对丰富，是鱼类索饵的理想场所。

保护与修复鱼类产卵场需坚持优先保护河流自然弯曲形态，避免裁弯取直，防止清淤挖深，加大河流断面生态化改造，加大重要经济鱼类及其栖息地保护力度，营造水生动物栖息、觅食、繁殖生境，保障水生动物适合的水量、水温、水质、流速等生存条件，加强鱼类种质资源保护区的管理维护，重点保护鱼类"三场"资源，设置鱼类增殖站，实施人工放流。加强对小水电站下泄生态流量的监督管理以及建设、运行和管理中的生态环境保护。实施增殖放流、生态调度、灌江纳苗、江湖连通等修复措施，示范开展产卵场修复工程和水生生态系统修复工程，维护水生生物多样性。

3. 鱼道过鱼效果与环境因子的关系

鱼类的洄游受生态环境中水温、径流量等影响。因此，需要关注鱼道监测采样期间的相关环境因素与鱼道过鱼效果的关系。内容主要包括：鱼数量、体长、体宽、体重、鱼道上游水位、下游水位、水温、溶解氧浓度。生态环境因素的变化是诱发鱼类洄游行为的主要原因。对于鱼道而言，过流量主要是由上游水位所决定。水温和水位对鱼道过鱼效果影响很大，一年中水温随着季节变化较大，但由于广州冬季时间较短，1月、2月水温一般在20℃左右，遇到寒潮，水温可能出现大幅降低。过鱼数量随着月平均水温增加而增加，当水温达到 30℃ 左右时过鱼数量较多，之后随着水温升高过鱼数量不再增加，反而会减少，相关系数 R2 达 0.74；过鱼数量随月平均水位增高而增加，当水位在 32.6 ~ 32.7 米之间变化时，过鱼数量比较多，相关系数 R2 达 0.62。

不同季节的水温，鱼道过鱼效果差异非常明显，非汛期鱼道上游水位偏低，同时鱼道水温较低，导致进入鱼道的鱼种类和数量都减少；相反，汛期上游水位较高，鱼道水温也较高，尤其是在阴雨天，鱼道上游涨水，通过鱼道的鱼种类和数量明显增加，而且个体差异较大。分析原因，认为汛期恰逢鱼类繁殖产卵季节，另外涨水期水流会从上游带来很多食物，从鱼类产卵和捕食的需求出发，其通过鱼道的可能性会大大增加。

因此，鱼道过鱼效果是上游水位和鱼道水温共同决定的，只有二者都达到过鱼条件，鱼道过鱼数量才最多。通过分析发现，当鱼道水温在 20 ~ 35℃ 之间变化，上游水位在 32.6 ~ 33 米之间变化时，过鱼数量和效果比较好。

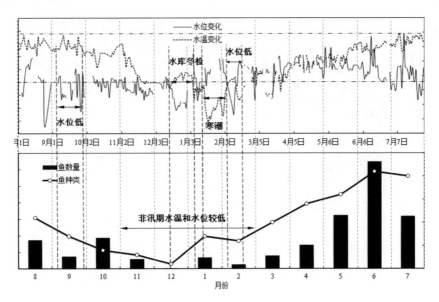

图 5 - 3　水温及水位变化对鱼道过鱼效果影响图

四、碧道风廊道，降低空气污染、缓解城市热岛效应

广州城市热环境分布呈现"中央集中热岛"格局，夏季盛行东南风，5—9月平均风速约1.9m/s，通过保护河流自然形态、管控河流周边缓冲区建设，实施堤岸生态化改造和堤防两侧建设生态缓冲林带、优化岸边带自然生境，在主要节点推进生态公园建设等主要措施构建广州市碧道风廊，总体打造5条主风廊+6条次风廊的碧道风廊网络，其中五条碧道风廊为蕉门水道—珠江前后航道主风廊、狮子洋主风廊、珠江西航道—洪奇沥水道主风廊、流溪河主风廊、增江主风廊，6条碧道次风廊为沙湾水道风廊、黄埔涌风廊、赤沙涌风廊、石井河—白海面风廊、花地河—荔湾湖风廊、乌涌—科学城风廊。

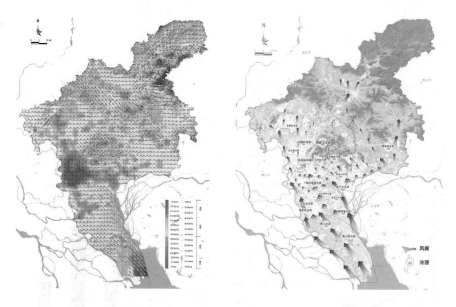

图5-4 广州市风环境WRF模拟分析图与市域风廊示意图

碧道风廊的构建应坚持保留和维持广州河流自然形态，遵循宜宽则宽的原则，维持自然的深水、浅水等区域，充分利用东南风，组织城市开敞空间，将风引入城市内部，提高城市内部风速。应充分利用水体的蒸发制冷，降低城市热岛，打造水绿廊道引风入城。另外，通过河流、河涌、街旁绿地串联大型城市绿地，形成多条渗透组图的小型廊道，通过水陆风与林源风向周边城区输送凉风，降低城市热岛。

五、保护与修复江心岛、建设珠江碧道生态岛链

广州市现有江心岛约 59 座，总面积 120 平方千米，岸线总长约286.56 千米，其中未开发岛屿 32 个，占总面积 4%，主要分布在流溪河、珠江后航道和增江段；部分开发岛屿 16 个、占总面积 67%，主要分布在流溪河、珠江南航道和沙湾水道；已开发岛屿 11 个、占总面积 29%，主要分布在珠江前航道、后航道和南航道。利用碧道建设保护与修复江心岛，建设与自然和谐、与城市共生、与市民同享的珠江生态岛链，坚持生态优先，以少干预、微改造、增加绿地和水量为原则，保护自然及人文资源，串联珠江诸岛，做到一岛一景，实现江心岛永续发展。

严格保护类 32 座。未开发建设的岛屿规划为生态用地，实行严格保护，生态恢复。实行生态功能全方位保护，维持岛屿现有生态环境及自然岸线，不建设堤围，保留其原始的生态系统和生命体系，禁止改变岛屿的风貌及岸线形式，逐步清理岛屿内的现有污染源，保护和延续原有乡土景观风貌、保护农田肌理及原生植被、加强鸟类栖息地的隐蔽性、修补生态岸线。

限制开发类 16 座。对已进行部分开发建设的岛屿，实行限制开发，低强度利用。严格保护岛屿的自然生态系统、物种栖息地和自然景观，对岛屿的生态功能进行保护和修复，增加植被种类及覆盖率，增加生物栖息地，保护古树名木。除必要的安全防护、生态农业、农村生活配套、休闲游憩、生态旅游的基础配套设施外，不得建设其他设施。种植恢复

性植物，生态修复工业棕地，打造多级缓坡的生态驳岸，栽植水生植物提供具有隐蔽性的鸟类栖息地。

优化利用类 11 座。完善公共服务，注重建设开发过程中的环境治理与保护措施。保护和延续原有城市肌理，尊重自然、不得有损生态的前提下，可增设公共服务设施、旅游休闲配套设施，营造活动场所。注重滨江亲水河岸线公共性及连贯性，有条件的可进行驳岸生态化改造。设施主要采用可循环利用材料、设计宜融合岭南文化元素。

表 5-2　广州市江心岛岛屿分类一览表

严格保护类，32 个	限制开发类，16 个	优化利用类，11 个
流溪河 9 个：大洲岛、鲇鱼洲、糖家墩、下渡竹洲、竹洲、无名岛 1、无名岛 2、无名岛 4、北海心沙； 前、后航道 7 个：沙仔、北帝沙（娥眉沙）、大车尾沙、丫髻沙、鲤鱼岗、龙门沙、海心岗； 南航道 7 个：大虎岛、上横档、下横档、凫洲、金锁排、舢板洲、沙堆岛； 东江增江段 9 个：圣皇洲、湖心岛、大塘洲、泊鹤州、屎船沙、无名岛 5、无名岛 6、无名岛 8、无名岛 9	流溪河 4 个：南岗洲（对海洲）、河心洲、无名岛 3、太阳岛； 西、前、后航道 4 个：沉香沙、大吉沙、大蚝沙、长洲岛； 南航道和沙湾水道 5 个：海鸥岛、观音沙、大刀沙、紫坭岛、沥心沙； 东江 3 个：鹤之洲、鹅桂州、无名岛 7	西、前、后航道 8 个：大坦沙、沙面、二沙岛、海心沙、洪圣沙、南海心沙、生物岛、大学城（小谷围岛）； 南航道 3 个：沙仔岛、小虎岛、龙穴岛

六、蓝线上的公共服务综合带

1. 国际上的蓝线公共服务综合带

（1）日本东京：在人口密集、寸土寸金的日本首都东京市，规划利用荒川、江户川等市中心重点河涌两侧堤防与河漫滩空间建设包括棒球场、足球场、环形跑道、滨河剧场、配套停车场等至少 16 类的公共服务功能，充分利用河漫滩不被淹没的大部分时间，将河流两岸百米范围内划定为绿地，并沿着河流在水边建设"运动公园带"，除了十一人制的标准场，还根据地形，建设了不少非标准尺寸的场地。此类运动公园绝大多数由东京市政府统一规划并施工，部分由区一级负责筹资和建设。

（2）纽约曼哈顿 BIG U：曼哈顿 BIG U 规划通过建设防护性基础设施丰富滨水地带、创造生境栖息地，加强了其与位于高处的社区的联系，包括种有海草、能够作为生态栖息地的护堤，可以兼做滑板公园与露天剧场的堤岸，以及可以为临时咖啡厅与静态休闲活动提供空间的防浪堤，设计连续的堤岸空间形成一系列"隔室"区域，将洪水阻挡在外，保护着内部分散的低洼洪涝区域，并将"隔室"区域作为蓝线上的公共服务节点。

（3）首尔汉江公园带：韩国首尔汉江公园是市民享受散步、运动以及业余生活的代表性场所，通过在大堤内修建与城市互补的人气场所，包括儿童活动、桥底市集、水上世界、河漫滩公园、体育场群等公共空间，服务周边高密度居住区，串联城市地铁站等重要交通站点，联合打造蓝线内的水岸公园带。

2. 创新水岸利用方式，建设蓝线上的公共服务综合带

创新水岸利用方式，利用水岸滩涂、堤防、临江绿地等各类蓝线周边的公共空间打造公共服务设施带，梳理原本被忽视的潜在蓝线空间，合理布设休闲、体育、娱乐、科普、文化、创意等多元功能，形成与岸边城市功能带互补互融的滨水公共空间带，弱化蓝线，强化空间，塑造全新的生态游憩功能性水岸公园带，保障功能复合与串联，形成聚集效应与规模效应。加强水资源、水环境、水安全等水利工程设计与景观设计的融合，采用近自然化的景观设计理念与手法，彰显当地特色的水文化，并与本地社会经济有良好的互动。

形式一：镜像补充，与相邻地块功能互补。梳理堤外水岸空间地块功能，利用河湖堤防空间打造功能互补的水岸空间，加强与城市空间的

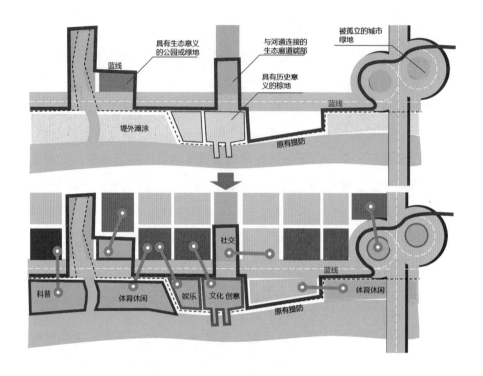

图5-5　广州碧道蓝线上的公共服务综合带模式图

互联互通，复兴水岸场景，重点利用跨江桥下空间、大型跨河桥梁桥头、城市（镇）地段的河道交汇处、珠江堤防岸线等建设蓝线上碧道公园，服务周边群众和游客日常生活。

形式二：横向串联，支撑公共服务体系。贯通水岸空间，串联码头、天桥、公园、人行隧道等功能空间保证滨河公共服务空间的连续性、整体性，完善公共服务体系，形成整体。滨水慢行道建设，主要依托堤岸防汛路、滨水绿道、安全的河漫滩进行布设，强调慢行道的连续贯通性。为保障滨水步道的舒适度，满足不同人群的需求，各地可因地制宜，合理布设滨水慢行道。在人流量大、且有建设空间的城镇都市区域、重要的景区景点，建设滨水漫步道、跑步道、骑行道"三道并行"的慢行系统，避免相互干扰；在滨水区域场地狭窄的地区，为保证慢行道的贯通，建设三道合一或两道合一的滨水慢行系统；要结合三旧改造拆除河道管理范围内违法建设，并优先预留用地，建设连贯的滨水地区慢行道；如滨水地区确实因山体、河流或码头等阻隔，可利用周边道路衔接滨水慢行系统保障其连续贯通性。滨水慢行道建设要符合相关设计和建设规范要求，保障无障碍通道建设。滨水慢行道建设应统筹考虑与轮船、城市道路、轨道交通等有效衔接与转换。

形式三：纵向叠加，功能复合最大化。广州北部区域山水相连，地形丰富，充分利用水岸地形条件，挖掘纵向功能空间，基底层可直接利用会被季节性淹没的原有河床以及滩涂融入运动空间、休闲散步空间和生态公园，中间浮动层可通过系揽或铰接固定，可利用与河水共同涨落的模式，打造空中碧道，局部放大塑造节点，堤顶层在蓝线范围内以落

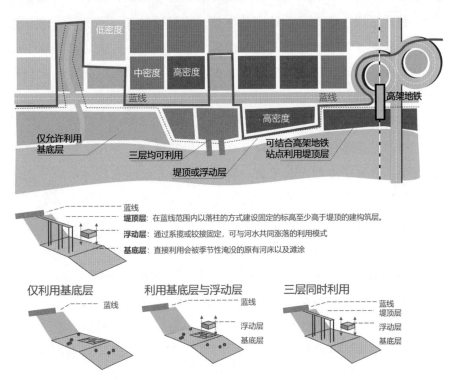

图5-6 广州碧道蓝线上的公共服务综合带纵向叠加模式图

柱的方式建设固定的标高至少高于堤顶的构造层，营造堤顶公园、娱乐空间或文化创意空间。通过周边地块的建设密度、蓝线可利用宽度等限制因素确定叠加模式，如仅利用基底层、三层均可利用、建设堤顶或浮动层的空中碧道，可利用堤顶层建设高架地铁站点等，创新堤岸利用方式。

七、珠江碧道水上运动产业带

二千多年来广州市民临水而居，水上运输和水上运动是广州河流的重要功能也是市民依水而生、沿水而居的重要载体。新时期广州碧道结合河湖水系开发水上观光、体验、运动的水上游径，开展水上观光和游艇、赛艇、龙舟等水上运动，重点发展水上运动训练、赛事及大众健身产业，建成区域性水上运动休闲功能区，建设以珠江、流溪河、增江为主体，总长约373千米贯通南北的碧道水上产业带，打造北部滨水生态休闲体育产业片区、中部滨水现代体育服务片区、南部滨海高端运动产业片区、东部增江水上运动文化创意产业带，发展水上健身休闲运动，体现广州体育产业的"水"特色。

北部滨水生态休闲体育产业片区：为沿流溪河—北江区域，从流溪河水库到老鸦岗长度约156千米。利用局部静态水面和良好水岸生态环境融入漂流、水上泛舟、垂钓和滨水体育运动，重点塑造从化陆上运动产业功能区，建成广州陆上运动训练、陆上运动健身休闲中心，建设陆上运动训练健身区、水上休闲健身运动区、城市配套服务区三个功能分区；塑造河岛体育公园水上运动功能区和良口镇滨河公园产业功能区，建成水上休闲运动区，发展全民健身产业，水上休闲娱乐运动。

中部滨水休闲现代体育服务产业片区：为沿珠江水系前后航道的中心城区，从老鸦岗到南海神庙长度约67千米。利用全段静态水面发展珠江夜游、游泳、龙舟赛、水上游乐等产业项目。重点塑造西郊游泳场—荔枝湾—海角红楼滨江体育休闲区，结合珠江优化提升建设，提升两大泳场管理水平，完善沿岸配套设施；塑造麓湖户外运动功能区，依托麓湖的优质资源，发展户外运动、水上游乐等项目，建设都市中的体育休闲游乐园；塑造竹料水上休闲运动功能区，建成水上运动及训练基地，利用广东国际划船中心的水上训练基地，发展国内外赛事组织、水上运动培训、水上运动训练等产业；塑造太古仓游艇休闲运动区，以太古仓码头为核心开展游艇、游船、赛艇、龙舟等水上运动。

南部滨海高端运动产业片区：为沿黄埔大桥—珠江口水道区域，从南海神庙到南沙龙穴岛长度约 60 千米。结合南沙滨海新城建设融入皮划艇、游泳、帆船、冲浪、水上摩托、潜水等水上水下运动。重点塑造南沙滨海公园休闲产业功能区，与南沙天后宫、南沙游艇会联动发展，培育滨海体育旅游产业，发展沙滩足球、滑水、潜水、冲浪、摩托艇、水上摩托车、水上拖拽伞等户外运动项目；塑造蕉门河公园都市运动休闲功能区，建成都市滨水运动休闲基地和水上运动中心，依托蕉门河水上休闲资源，发展滨水休闲、龙舟、游泳等体育产业；塑造番禺区水上运动与球类运动休闲功能区，建成区级水上运动休闲中心、小球运动功能区。

东部增江水上运动文化创意产业带：为沿增江—东江区域，长度约 90 千米。重点塑造增城水上运动产业功能区，发展水上运动训练、赛事及大众健身产业；建设增城水上运动城，打造为彰显广州水文化的体育服务综合体。

表5-3　广州市碧道沿线水上体育产业功能区表

区域	范围	运动类型	重点功能区	功能区定位	功能区发展指引
北部 （滨水生态休闲体育产业片区）	156km，从流溪河水库到老鸦岗	漂流、水上泛舟、垂钓、滨水体育运动	从化陆上运动产业功能区	建成广州陆上运动训练、陆上运动健身休闲中心	积极发展足球、棒球、垒球等陆上运动项目，形成以陆上运动训练和全民休闲健身为核心，体育中介、体育职业教育、青少年业余培训、水上休闲娱乐、商业、旅游为辅助的产业体系。建设陆上运动训练健身区、水上休闲健身运动区、城市配套服务区三个功能分区
			河岛体育公园水上运动功能区	从化中心城区、流溪河沿岸	建成水上休闲运动区，发展全民健身产业，水上休闲娱乐运动
			良口镇滨河公园产业功能区	良口镇滨河公园及周边地区	建成水上休闲运动区，发展全民健身产业，水上休闲娱乐运动
中部 （滨水休闲现代体育服务产业片区）	67km，从老鸦岗到海神庙	珠江夜游、游泳、龙舟赛、水上游乐	西郊游泳场—荔枝湾—海角红楼滨江体育休闲区	包括西郊游泳场、荔枝湾、海角红楼泳场在内的珠江沿岸地区	结合珠江优化提升建设，提升两大泳场管理水平，完善沿岸配套设施，增强与荔湾湖公园的联系，打造珠江岸线体育健身休闲带
			麓湖户外运动功能区	麓湖公园及周边区域	依托麓湖的优质资源，发展户外运动、水上游乐等项目，建设都市中的体育休闲游乐园

区域	范围	运动类型	重点功能区	功能区定位	功能区发展指引
中部（滨水休闲现代体育服务产业片区）	67km，从老岗南到海庙	珠江夜游、游泳、龙舟赛、水上游乐	竹料水上休闲运动功能区	广东国际划船中心及周边地区	建成水上运动及训练基地。利用广东国际划船中心的水上训练基地，发展国内外赛事组织、水上运动培训、水上运动训练等产业
			太古仓游艇休闲运动区	太古仓及附近珠江水域	建成区域性水上运动休闲功能区。以太古仓码头为核心开展游艇、游船、赛艇、龙舟等水上运动；完善周边商业配套设施
南部（滨海高端动产业片区）	60km，从海庙到沙穴南神到沙穴南龙岛	皮划艇、游泳、帆船、冲浪、水上摩托、潜水	南沙滨海公园休闲产业功能区	南沙滨海公园及周边地区	建成滨海休闲娱乐产业功能区。与南沙天后宫、南沙游艇会联动发展，培育滨海体育旅游产业，发展沙滩足球、滑水、潜水、冲浪、摩托艇、水上摩托车、水上拖拽伞等户外运动项目
			蕉门河公园都市运动休闲功能区	蕉门河公园及周边地区	建成都市滨水运动休闲基地和水上运动中心。完善蕉门河公园体育设施及公共服务配套设施，依托蕉门河水上休闲资源，发展滨水休闲、龙舟、游泳、绿道等体育产业
			番禺区水上运动与球类运动休闲功能区	番禺区游泳中心、小球中心及周边地区	建成区级水上运动休闲中心、小球运动功能区，大力开展相关的群众性体育运动赛事与体育休闲活动等

区域	范围	运动类型	重点功能区	功能区定位	功能区发展指引
东部（增江水上运动文化创意产业带）	90km，增江—东江区域	水上运动悬链	增城水上运动产业功能区	以水上运动为特色，建成广州市水上运动训练与水上休闲健身基地	重点发展水上运动训练、赛事及大众健身产业；带动中介培训等外延体育产业；带动旅游、休闲、商务、商业、住宿、交通等关联性产业发展。建设水上运动训练区、水上休闲健身区、商务商业区和优质生活区等功能片区。建设增城水上运动城，打造为彰显广州水文化的体育服务综合体

第三节　广州碧道的空间格局

　　"六脉皆通海，青山半入城"是对古广州山水格局和流域空间环境结构的真实写照。针对传统城市空间治理以点状治理为主的规划手法，新时期，广州依托北树南网的流域水系结构，梳理山水生态格局，搭建"流域＋区域＋廊道"的流域空间治理骨架，形成溪—涌—河—江—海多层次碧道网络，规划三纵三横、通山达海的广州新六脉（通山达海线、山水画廊线、广佛发展线、城央环岛线、黄金水道线、田园风光线），塑造北部山水、中部现代、南部水乡的流域空间格局，并与绿道、古驿道、慢行道等线性城市空间互联互通、成网成片。其中北部流域空间治理重点保护北部水源地水质，打造自然生态岸线，提升水源涵养能力、水土保持能力、综合治理重要生态敏感区、恢复水岸动植物自然生境；中部流域空间治理重点完善黑臭水体治理、水域空间侵占，分类保护珠江江心岛、开展污涝同治，推进治水、治城、治产相结合，建设迈向国际一流品质的先锋水岸；南部流域空间治理建设随潮汐水涨水落、蓝绿交织的河网碧道，恢复城市水系"弹性"，修复自然海岸带，建设海湾碧道，打造最生态的感潮河网和滨海生态公园带。

一、三大片区

北部山水碧道区：山环水抱、生态碧网。以流溪河、增江、白坭河为骨架，发挥北部片区自然生态基底优势、展现广州自然山水风光。重点保护北部水源地水质，打造自然生态岸线，发掘自然本底特色和历史文化，突出生态保护功能，提升水源涵养能力、水土保持能力、综合治理重要生态敏感区、恢复水岸动植物自然生境，建设体验生态野趣、回味乡愁记忆的最生态碧道。规划北部山水碧道区碧道总长 869 千米。

现代都会碧道区：都市宜居、先锋水岸。重点解决完善黑臭水体治理、水域空间侵占，分类保护珠江江心岛、开展污涝同治，助力"珠江黄金水岸"建设，通过挖掘、串联、整合中心城区水系沿岸文化、景观、产业、游憩资源，推进治水、治城、治产相结合，打造宜居宜业宜游的国际高品质一流水岸，以城央碧道打造最都市的先锋水岸，满足市民休闲、游憩、运动等多样需求。规划中部都会碧道区碧道总长 626 千米。

南部水乡碧道区：广府水乡、滨海风情。依托番禺、南沙等河网水系，彰显广州农家田园水乡和滨海特色，展现新区魅力。开展古村、古镇、古港的水系治理，重塑岭南水乡文化，以广府碧道打造最人文的广府水乡；建设随潮汐水涨水落、蓝绿交织的河网碧道，恢复城市水系"弹性"，修复自然海岸带，建设海湾碧道，打造最生态的感潮河网和滨海生态公园带。规划南部水乡碧道区碧道总长 505 千米。

二、珠江碧道——广州新六脉

结合广州北树南网的水系空间和岭南水乡、广府文化的地方底蕴，打造通山达海线、山水画廊线、广佛发展线、城央环岛线、黄金水道线、田园风光线的广州新六脉。

图5-7 广州市碧道三纵三横"广州新六脉"骨架体系网图

通山达海线210.6千米：彰显广州最美自然禀赋。源于流溪河，经珠江西航道—珠江前航道—珠江黄埔航道—狮子洋水道—虎门水道—凫洲水道—蕉门水道入海，北接南岭余脉天堂顶，途经大金枢纽、帽峰山、莲花山、小虎山、大虎山、黄山鲁等沿线山体和地质遗迹，串联了流溪河森林公园、石门国家森林公园、风云岭森林公园、莲花山公园、大角山海滨公园等森林公园和风景名胜区，通山达海线串联沿线山、水、林、田、城等自然和城市空间，具有得天独厚的自然风貌、地质价值和人文特色，彰显了广州依山、沿江、滨海的最美自然禀赋。

以治水理水为主，对未贯通堤段（神岗大桥上游左岸段、老山河口下游右岸段、良口中学至车陂田村段）等堤防进行加固和完善，继续推进城市水环境治理，农村生活污水治理、开展农业面源治，消除流溪河沿岸入侵物种，分段修复岛链生境和水岸生境，利用流溪河蜿蜒的水系形态，还原碧水湾环，营造一弯一景的生态游憩带，保护、修复和提升南沙滨海海岸带，保护与修复滨海红树林。

广佛高质量发展融合线 102.6 千米：塑造水产城共治的典范。广佛高质量发展融合线属于广佛共建碧道，源于白坭河，经珠江西航道—平洲水道—深涌水道—陈村水道—顺德水道—李家沙水道—洪奇沥水道，最后接入通山达海线，全长约 102.6 千米，通过链接两市农田、地质公园、郊野公园、古村落、祠堂、文化遗址等各类生态文化资源，共建以流域生态为基底，无边界、永续发展的南北生态文化带。

按照《广佛高质量发展融合试验区建设总体规划（2018—2035年)》，广佛碧道沿线将建设 1 个先导区，4 个试验区，支持广佛共建四个万亿级产业集群，为城镇化先发地区空间转型、创新发展提供新样板，碧道建设将加强城市生态休闲型河道治理，清退河道两侧污染制造企业，实现河流治理与河湖水系连通相结合，推进白坭河、西航道两岸堤围及其他河段达标加固，加强中型水库安全达标建设，对流域内城中村进行污水治理，全面修复河湖水质，提升农田、湿地、郊野公园等各类蓝绿空间休闲服务功能，保护水脉、农田、湖塘等岭南传统景观。

城央环岛线 5 条，共 73.3 千米：打造宜居宜业宜游的城央生活圈。依托广州城央水系特点，构建 5 条环岛碧道，分别为海珠环岛碧道 43 千米，串联海珠前后航道和广州塔、会展中心、海珠湿地、海珠创新湾、广纸片区等多个城市重点片区，营造都市黄金水岸生活圈；沙面环岛碧道 2.2 千米，营造历史文化生活圈，品读广州近代史变迁，感受独特欧陆风情；二沙岛环岛碧道 5.5 千米，营造文体活力生活圈，串联全岛 4 个主题公园，2个体育空间，6 个文化节点；生物岛环岛碧道 6.6 千米，营造智慧科技生活圈，服务岛上高精尖生物制药和创新孵化企业；大学城环岛碧道 16 千米，营造学院健康生活圈，服务大学青年日常生活休闲。5 条环岛碧道将重点整治入河排口、修复环岛岸边带水生生境，打造具有韧性的多级堤或复合堤，串联岛屿资源，塑造适老适幼，多元活动的水岸空间。

田园风光线 26.5 千米：再现岭南水乡田园风貌。基于番禺、南沙水乡水系肌理，利用紫坭河—沙湾水道建设田园风光碧道，重点营造生态水湾休闲带及水乡田园目的地，加强沙湾水道、市桥水道流域内水闸生态用水调度，对沙湾水道未达标堤段进行达标改造、加高培厚现状堤防，使防浪墙顶高程满足设计要求，控源截污，完善沿岸截污和雨污分流、修复岸边带和滩涂生境，与沙湾古镇、宝墨园等沿线历史文化资源和古镇串联一体，实现全段漫步道贯通，营造舒适的水岸步行环境。

黄金水道线约30千米：建设大美珠江世界级滨水区。依托珠江前航道、由白鹅潭至南海神庙，约30千米长，按照建设美丽宜居花城，活力全球城市要求，把广州建设成为国际一流城市，构建云山珠水相望的景观视廊，彰显珠江文化魅力，打造"大美珠江"，塑造花城如诗、珠水如画的世界级滨水区，实现精品珠江30千米大开发。贯通珠江两岸绿带，为市民提供开放的滨水体验；培育沿江创新产业集聚区，引导城市由西往东发展；挖掘珠江文化魅力，保护与活化全景式文化遗产；塑造前低后高滨江建筑形象，打造世界级国际门户。

西十千米：打造历史特色街区，带动周边发展。重点打造长堤—沙面—文化公园、南华西特色街区，形成西十千米文化核心，带动周边发展。优化滨江道路断面，拓展滨江公共空间。近期优化沿江路和堤岸的空间划分，在不影响交通的情况下，增加慢行空间。步行化改造白天鹅酒店引桥，向西拓展滨江公共空间带。对海珠涌和沙河涌进行生活污水埋管截污处理，河涌彻底清淤。在有条件的位置建造生态堤岸，打造可下渗的水道，营造绿色水岸。

中十千米：打造三塔引领的黄金三角区国际门户。构建珠江沿岸活力景观风貌轴，以广州塔、东塔、西塔为地标统领整体空间布局，以珠江新城—广州塔地区、国际金融城地区、琶洲地区为景观核心，形成面向全球的城市中心区形象。对现有滨江空间、产业集聚区和内部街区进行空间细节品质提升。优化建筑底层场地铺装以突出步行区域，完善残疾人步行道；丰富植物种类，凸出植物层次；增加公共服务设施、街头小品；提升广州大桥、猎德大桥南北桥底空间以及猎德涌、黄埔涌涌口空间。

东十千米：恢复河涌湿地生态，提升港城生态。北岸东西向打造一条带状湿地，联系现状河涌，设置人工湖及生态湿地，提升雨洪管理能力。南岸结合生态湿地保护，保育北帝沙、大吉沙和大蚝沙岛屿生态。打造生态公园与岸线。打造黄埔公园、双岗湿地公园等主要生态开敞空间。规划以生态型驳岸为主的亲水岸线形式，生态硬质驳岸分布于长洲岛南侧、文冲船厂及南海神庙段，生态软质驳岸分布于北帝沙、大吉沙和大蚝沙等江心岛。

山水画廊线约90.6千米：打造"一江两岸"百里画廊。以增江和东江北干流为基础，路径由增江经东江北干流—狮子洋—虎门水道—凫洲水道—蕉门水道入海，北接九连山脉延长线，途经大尖山、牛牯嶂、莲花山、小虎山、大虎山、黄山鲁等沿线山体，夯实堤防体系，加强河湖自然形态保育，大力推进入河排污口整治，通过绿道游线、慢行游线、水上游线三道交通体系打通沿江堵点，整合串联沿岸天然林带，生态田园风光，古朴村落景点等元素，打造"一江两岸"全域旅游，通过设立鸟类保护区、营造无人岛等动物繁衍场所，推进增江鹤之洲、郑田村河滨带保护与修复，开展重要水生动物栖息地与生物多样性保护，建设水鸟走廊，保存鹤之洲（250亩）、圣皇洲（52亩）两处巨大鸟巢，新增无人岛（66.24亩）供鸟类繁衍栖息，增加观鸟设施、科普设施，供市民观鸟识鸟。

三、总体空间布局

近期，以省管、市管大江大河和重点骨干水道为基础，结合地区实际，构建北树南网、四种类型的千里碧道，北片树状溪为主，以北部三条主要河道为枝干，形成骨干和支级两个体系。主要控制河流两侧堤岸形式，滨水公共空间。南片网状结构，由北至南形成城市水网、岭南水乡、基围网络三类格局。主要控制水系形态、水塘、湿地面积、滨水公共空间等。

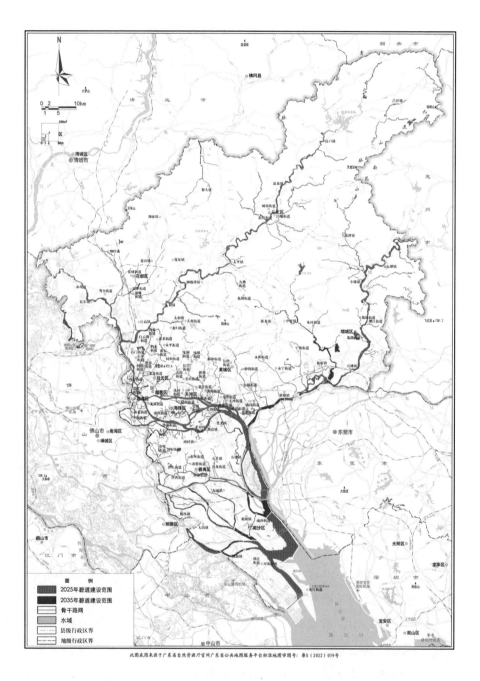

图 5-8 广州市千里碧道建设总体空间布局图（2035 年）

至 2022 年，全市碧道建设总长度达到 1009 千米，2025 年全市建设碧道总长将达到 1506 千米，其中市管水系碧道 234.6 千米，区管河湖水系碧道 1271.4 千米；按碧道类型，至 2025 年，都市型碧道 596 千米，城镇型碧道 648.2 千米，乡野型碧道 191.3 千米，自然生态型碧道 70.5 千米。

远期，按照"以人为本、生态优先、持续接力"的原则，在满足水环境治理、水安全提升的前提下，识别能满足人民休闲游憩需求的河流，规避生态底线要素和不具备建设条件的河段，参考市、区河道、湖泊的管理权限，保证与近期建设碧道相互连通，成网成片，重点挖掘番禺、增城、南沙、从化等外围区域河湖水系潜质，共识别出全市适宜开展远期碧道建设的河流水系 417 千米，至 2035 年，全市建成碧道总长 2000 千米。

第四节　广州碧道的实施路径

一、碧道十条、分类分级：引导因地制宜的流域空间治理

参照广东省万里碧道类型划分，有都市型、城镇型、乡野型和自然生态型 4 种类型碧道，结合河流水质条件，水岸贯通情况，滨水经济带发展现状和群众诉求，制定"高标准、较高标准、基本标准"的三级建设标准（见表 5—4），优先确保水资源、水安全和水环境的流域环境等基础工作。对于中心城区水质条件好，水安全达标、人流活动密集的河道一步到位地建设高标准碧道，外围城区优先推进水资源、水安全和水环境的流域环境基础工作，形成基本碧道标准，远期等资金充裕、水岸周边城市开发条件成熟后再逐步提标达到较高标准或高标准碧道。

表5-4　广州市碧道建设要求表

类型	标准	建设定位	基本建设要求
都市型	基本标准	便民休闲，周边居民茶余饭后休闲散步廊道	堤岸达标，水质不黑不臭，慢行道基本贯通。有碧道标示。配套基本安全设施
都市型	较高标准	河畅景美，防洪排涝能力强，居民身边的带状小公园	提升内容：水质V类，慢行道贯通，有节点，配套必要导向、安全、环卫和商业设施
都市型	高标准	城市客厅，落实生态文明理念的典范工程，彰显都市特色，推动周边产业升级	提升内容：水质IV类，漫步道、慢跑道、骑行道（三道）贯通、可达性好，导向、安全和商业设施配套完备
城镇（郊）型	基本标准	优化城乡边界，河清鱼游，居民休闲散步廊道	堤岸达标，水质不黑不臭，慢行道基本贯通。有碧道标示。配套基本安全设施
城镇（郊）型	较高标准	构建滨水游憩系统，产住结合，汇集城乡优质资源，推动城郊产业升级。	提升内容：水质V类，慢行道贯通，有节点，配套必要导向、安全、环卫和商业设施
城镇（郊）型	高标准	怡业怡居，城市近郊花园，打造市民休闲放松好去处，推动周边产业升级，营造良好产、住营商环境	提升内容：水质IV类，漫步道、骑行道（三道）贯通、可达性好，导向、安全设施配套完备
乡村型	基本标准	保障防洪安全，乡味野趣，保持自然农韵体验	堤岸无损坏，水质V类，慢行道基本贯通。有碧道标示。配套基本安全设施
乡村型	较高标准	防洪排涝达标，田园风光，营造休闲乡村群落，结合岭南文化，营造乡愁记忆	提升内容：堤岸达标，水质IV类，慢行道贯通。配套必要安全、环卫设施

续表

类型	标准	建设定位	基本建设要求
乡村型	高标准	防洪排涝达标，城市庭院，融合美丽乡村建设，带动农村经济发展	提升内容：水质Ⅲ类及以上，慢行道可达性好，有节点，配套必要导向、安全设施
自然生态型	基本标准	城市后山，孕育后备生态资源	河道通畅，水质Ⅴ类。有碧道标示。有步道
	较高标准	生态良好，维护自然生态基底，清理外来有害生物	提升内容：水质Ⅳ类。配套导向、环卫设施
	高标准	生态涵养水源，恢复本土生物栖息地	提升内容：水质Ⅲ类及以上，生态保育措施有效、可持续，配套自然观察设施

遵循广州实际提出十条建设准则（水清岸绿、广府生活、八道三带、缝合城市、新旧共生、赏粤四季、绣花功夫、适老适幼、经济适用、共同缔造），因地制宜开展碧道建设。

图5-9 广州市"碧道十条"建设准则

①水清岸绿：水清岸绿是碧道建设的前置条件，也是广东省万里碧道建设的核心任务之一，主要依托原有工作，包括中小河流治理、"清四

乱""五清"、黑臭水体治理等，进一步提升水资源和水环境，全面消除黑臭，完善流域污水治理，开展生态补水、保障生态基流，加固堤防达标，构建河流生态廊道。

②三道一带：按照省万里碧道建设要求，以行洪道建设为前提，突出碧道建设的安全保障作用；以生态道建设为核心，统筹山水林田湖草；以休闲道建设为重要载体，衔接绿道与古驿道，营造特色空间；以高质量发展的经济带为最终目标，总体形成"三道一带"空间范围。对于城央重点碧道配套建设漫步道、缓跑道、骑行道、滨水活动带等三道一带功能空间，塑造广州碧道特色。

③广府生活：深入挖掘碧道沿线广府文化、水利文化、治水轶事，串联沿线历史文化节点，衔接广府文化特色空间，营造广府特色水岸生活场景和主题节点，还原、重塑、彰显广州二千多年与水共存、因水兴市、临水而居的地方文化，营造多元的水生活空间。

④赏粤四季：开展碧道水岸同治，维持广州河湖自然形态、保护与修复河湖自然岸边带，整治面源污染，加强河道垃圾治理，保护水生生物栖息地，依托广州自然气候和水土条件，因地制宜，丰富堤岸植物配植，提升生态多样性，建设宜居水环境，打造四季常绿、多季赏花的碧道景观。

⑤适老适幼：以人为本、面向全人群打造碧道沿线滨水活动空间，包括儿童活动场所、青少年活动场所、中老年人活动场所，营造观水、亲水、玩水等多元活动，配套基本便民服务设施、安全保障设施、环境卫生设施、照明设施和停车场，形成适老适幼、有游有憩的广州碧道。

⑥缝合城市：以线串点、以线带面，串联碧道沿线资源、景点、产业园，推动沿线产业升级、乡村振兴、城市更新、基础设施建设、打造"碧道＋"产业群落，促进碧道沿线协同治理，形成共建共享格局，推动形成高质量发展的滨水经济带。

⑦绣花功夫：坚持对标国际、本着工匠精神，结合实际，以绣花的

耐心，开展碧道精细化、品质化建设，包括贯通水岸空间，建设河道环、打造亲水节点、提升水岸植物，设计一批人性化、功能化、精细化的碧道设施，优化设计细节和实施构造大样，满足人们游憩的全面需求，提升碧道公园的便民性、舒适性，打造国际品质滨水岸线。

⑧新旧共生：保护、利用和活化碧道沿线场地原有遗址和记忆，实现新旧场地融合、功能融合；借用已有滨水绿道、古驿道，以微改为主，塑造广州碧道，实现广州碧道、绿道、古驿道互联互通，新旧线性空间一体整合。

⑨经济适用：按照因地制宜、小投入大效果原则优先结合已有黑臭水体整治工作、利用已有绿道、古驿道滨水道开展碧道建设，避免重复投入，另外，根据高标准、较高标准、基本标准等三级标准要求因地制宜地建设各类碧道，使其经济适用，形成可复制可推广的广州碧道建设路径模式。

⑩共同缔造：鼓励碧道规划、设计、建设和管理的多方参与、共同缔造，包括鼓励开展小项目大家做、众筹设计、公众咨询、园区共建、企业认领等，共同营造碧道共建、共治、共管的社会局面。

二、多向借力、共同缔造：拓展全方位的市场和公众参与

流域尺度下的城市空间治理需要充分借助政府和社会的共同力量，通过平衡多利益群体的需求、整合多部门资源、引资引智引技，在探索特大城市水岸共治新路径的同时推动城市空间治理最优解决方案。

一是多向借力，整合现有工作成果。将碧道作为黑臭水体治理工作的深化提升，借力治水，充分利用全市4389条（黑臭168条）小微水体整治、370万平方米涉河违建拆除、526万平方米涉水疑似违建拆除、180.26千米堤防加固工程和截污纳管、农村污水治理等工作，建设两岸都市型碧道，进一步推进河流渠箱改造、排水单元达标、岸边面源污染治理；借力双道，借绿道借驿道，在现有735千米滨水绿道、古驿道基

础上优先开展碧道建设，优化水质环境，确保碧道、绿道、古驿道互联互通、成网成片。

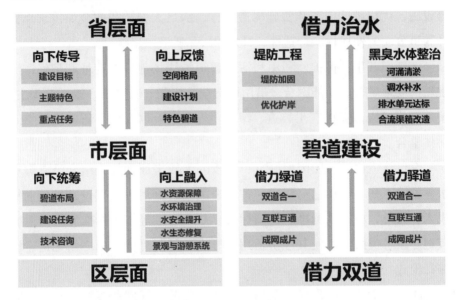

图 5-10 广州碧道"多向借力"模式图

二是结合城市更新三年五年计划和城市重点平台建设，尝试在土地出让和城市更新控规阶段制定碧道建设前置条件，依托市场力量政企共建碧道。另一方面为健全城市空间治理和碧道管养的长效发展制定保障机制，探索河流两岸2千米范围内的土地让其综合利用增值收益，城市公园及绿地等公共设施经营权，驿站及水上娱乐、水上运动的经营权，水上旅游观光经营权，碧道沿线户外广告载体使用权，公共停车场经营权和相关产业、资源开发收益，物业经营中按比例抽成，按年度专项用于碧道建设和管护等工作，保障碧道建设及后期管护有长期稳定的资金来源。

三是积极整合国内外知名规划设计团队的理念，成立全市层面碧道专家咨询团队和技术咨询联盟，充分调动高校、科研机构、科技社团、专业协会、志愿者和企业等各方力量，对河湖保护、环境容量、生态修复、岸线管控、景观营造、文化建设、慢行公共道路、生态教育等方面进行专题研究和咨询，提供"全层次、全专业、本地化"的技术支撑服务。

四是鼓励企事业单位、社会团体、个人多元参与，开展"碧道大师做""碧道创客做"，邀请大师或创意团队对碧道沿线微空间、微小构建筑物、水利设施、邻避设施、碧道驿站等进行设计，以小见大，从细微之处和关键节点提升流域空间品质；举办"碧道设计工厂""碧道论坛"来培养碧道建设人才；探索、鼓励、动员市属国企在内的社会力量积极参与碧道建设和管理，以 O + EPC 模式探索碧道水岸建设和共同缔造新思路，实现碧道共建共治共享。

图 5 −11 广州碧道"引资引智、共同缔造"模式图

第六章 广州碧道建设实践

千年羊城土地上纵横的河道不仅孕育了美丽富饶的鱼米之乡，还滋养了博大精深的岭南文化。五年来，广州市在促进经济高速发展的同时，也全力打好治水攻坚战，迎来了"生态蝶变"。

水，是广州的最亮底色。千百年来，广州人民逐水而居、依水而兴。构建人与自然和谐共生的河湖生态环境，事关可持续发展、百姓福祉。为了让人民群众享受到更加美好的生态环境，2019 年以来，广州加强水环境治理，以"理想水生活"为理念，规划碧道 2000 千米，全力打造"千里碧道"的美丽长卷。截至目前，全市建成碧道 821 千米，2.79 万个排水单元，达标比例 85.52%；2021 年 16 个国省考断面全面达标，147 条黑臭水体全部消除黑臭。"人水和谐""秀水长清"的生态文明建设成果逐步显现。

近年来，广州市强调因地制宜、多元共建，在坚持生态优先、安全为重的基础上高质量推进碧道建设，特别是积极探索实践"碧道＋"多元融合模式，丰富了省万里碧道的建设内涵，展示了广州千里碧道的特色魅力，实现了治水治产治城的协调统一。

第一节 碧道＋黑臭治理：天河区猎德涌碧道

一、综合治理实现水生态功能修复

　　猎德涌在城市新中轴线的东侧，起源于华南理工大学内的西湖。从北到南依次流经城市干道广园东路、天润路、天河北路、海欣路、黄埔大道西、海安路、金穗路、花城大道、猎德大道、临江大道，途径五山文教区、石牌商住区、天河商务区、珠江新城，经猎德村汇入珠江前航道，区域位置重要，是天河区唯一流经珠江新城中央商务区的河涌。过去三十年间，猎德涌两岸平地起高楼。经济快速发展、人口急剧增加，这条全长5.1千米的内河涌却淤泥沉积、河水黑臭，曾经喜爱亲水戏水的居民绕河而行。

图6-1　猎德涌碧道建设效果图

这几年猎德涌全面落实河长制,将流域划分为281个网格,以网格为单元,推进控源截污,通过源头治理、系统治理、综合治理实现水生态功能系统修复。

通过水务、环保等多部门努力,猎德涌流域新改扩建污水管网122千米、雨水管网23千米,消除错接漏接管网1286处,让雨污分流,让污水得到更有效收集。经过几年攻坚,猎德涌成功消除黑臭,水质持续改善。到今年一季度,猎德涌已从过去的劣V类提高到III类水质标准。现状是两岸绿树环绕,河水清澈,岸边的老祠堂典雅古朴,河涌上空不时掠过几只水鸟,引得游人驻足拍照,处处是"城市里的乡愁"景象。

二、下功夫以"碧道+"打造河湖治理升级版

碧道建设,统筹"五个水",蕴含"三道一带":碧道建设要统筹"五个水"——水安全、水资源、水生态、水景观、水文化,融合发展生态、生产、生活。碧道建设蕴含"三道一带"——是江河安澜的行洪道,是水清岸绿的生态道,是融入自然的休闲道,是高质量发展的经济带。

远近结合,分类施策,科学布局碧道建设:天河区在把握国土空间规划布局、产业发展布局、地块功能定位基础上,结合已有的城市绿道、绿地板块、公园等生态要素和河涌功能定位,系统集成推进碧道建设。天河区计划在2025年前完成67.50千米的河涌碧道建设,形成纵向碧道、横向绿道,"碧(道)""绿(道)"成网的总体空间格局,推动河涌水域沿线地区实现"河畅、水清、堤固、岸绿、景美"。

规划引领,科学定位:梳理区内河涌流域区域经济发展的现状与规划,根据片区的用地功能和发展趋势,确定区内碧道建设的重点区域;结合河涌流域碧道与周边社区组团的关系,确定不同河涌碧道特色主题;结合省、市有关碧道建设标准,确定不同河涌碧道建设标准。

整体谋划,系统推进:坚持高点站位、系统谋划,在整体思维、科学研判,全面梳理各项工作任务的基础上,结合河涌现状问题和规划要

求，系统集成推进碧道建设。一是统筹解决河道过流能力不足、堤岸不达标等影响"河畅、堤固"的水安全问题，确保河道达到防洪要求；二是统筹解决河道管理范围内影响河道贯通、空间环境布局不合理等影响"岸绿、景美"的问题；三是统筹解决河涌生态流量不足、源头湿地和沿线海绵要素缺失等影响水资源、水生态保障的问题；四是统筹解决河涌两岸管养设施、抢险通道不足的问题。

远近结合，分类施策：强化市区联动，政企联动，发挥市、区牵头引领作用，引导社会力量共同推进碧道建设。同时，把碧道建设和区域生态、生产、生活融合起来，合理安排碧道实施时序，坚持问题导向，精准施策，分年度、近远期稳步推进天河区碧道建设。

建管结合，长效管理：在碧道项目建设的同时，同步加强碧道设施管理工作，同步建立健全碧道管理考核机制和日常管养长效机制，持续常态化推进碧道设施的精细化管理。

三、彰显文化特色，映射治水成果

猎德涌是目前天河区 30 条黑臭河涌中实现"长制久清"目标的河涌之一。河涌两岸绿树环绕，一边亭台楼阁古色古香，"镬耳屋"更是别具广府民居传统建筑特色，亲水平台间、曲径通幽处连接成一个开放式"迷你"滨水公园。另一边，河涌堤岸雕刻式文化栏杆接连滨水漫道，驻足望去远处的广州地标"小蛮腰"、附近的 CBD 高楼大厦与对岸的绿树、镬耳屋建筑、亲水平台以及眼前河涌的碧水相互映衬着，仿佛构成了一幅自然与人文和谐共生的国际大都市生态文明画卷。

沿着滨水漫道一路往前还有粤韵文化戏台、长廊、猎德鼓、廊桥、景观花池、宗祠、青石板路、猎德龙舟等滨水景观。

"问题在水里，根子在岸上"，碧道建设需要以治水为基础。据了解，自全面推行河长制、湖长制以来，天河治水中像这样敢为人先、显成效的治水经验案例不止一两个，总体来看天河的水环境治理离不开"问题导向、定量分析、统筹规划、科学研判、系统治理、党建引领、精准施策"。

图6-2 猎德涌碧道治理后现状图

图6-3 猎德涌碧道建成效果图

第二节　碧道+堤防达标：南沙区凫洲水道碧道

一、从"堤防围城"到"水城融合"

在凫洲水道旁，一条滨海碧道从珠江湾延伸至海滨公园，成为广州南沙市民的日常休闲好去处，项目位于三江六岸交汇处，占地面积39.87万平方米，周边为中科院工研院、高端产业区及国家重点项目。凫洲水道碧道建设已于2020年10月基本完成，将陆续分段投入使用。

2017年，南沙区水务局启动南沙街工业区涌至大角山生态堤工程项目，进行堤岸景观升级改造，按照200年一遇标准建设堤防以及提升滨水空间景观，对3座穿堤水闸进行外立面改造，凫洲水道碧道建设正是基于该生态堤工程项目打造的。

二、多功能生态海堤架构助力海边漫步

项目以"防洪优先、自然生态、集约用地"为原则，围绕周边地块的科研发展、国际交流、人才培训等城市功能配套需求，将外江堤防、城市碧道、公园绿地融合建设，形成"一带（滨海景观带）、二道（绿道和碧道），三级（主园路、次园路、亲水园路）、四区（景观分区）"，分别打造"乐活花园、创意水岸、丝路海韵、生态绿心"四大主题滨水空间，同时预留未来继续完善城市配套服务设施的空间。

在防洪潮安全方面，项目多方面提升了堤防的安全系数，同时打通了观海视觉通廊。堤防防汛通道、二级平台等兼顾自行车道、人行步道、亲水平台等休闲功能，消浪设施、蓄浪空间和消浪平台均采用生态性绿地空间。在该段碧道建设过程中，项目创新建立了多功能生态海堤架构

图6-4　鸟洲水道碧道建成效果图（1）

图6-5　鸟洲水道碧道建成效果图（2）

体系，采用分区设防、堤顶后置的理念，布设二道防浪系统，合理降低堤顶标高，有效解决"堤防围城"的景观负面效应。

同时，项目融入海绵城市设计理念，通过"渗、蓄、净、排"等多种技术途径，在海堤上形成蓄浪平台，自排越浪，减少排水压力。将海绵理念融入滨海碧道，凫洲水道的建设为市民打造了一个集生态、景观为一体的休闲空间，也成为南沙这一滨海新区的一张靓丽名片。

第三节 碧道＋生态修复：海珠区海珠湿地碧道

一、湿地在城央，广州的"绿心"

海珠湿地的前身是万亩果园。湿地维护中心工作人员林楚端介绍，20世纪80年代，在利益驱动下进行"蚕食"果园经营开发，果园面积从近4万亩萎缩到1万多亩。2012年，当地探索出"只征不转"的利用土地新机制，将万亩果园的集体土地征收为国有，但不转变农用地性质，作为永久生态用地予以保护。经过七年持续生态修复和环境再造，海珠湿地已成为广州的"绿心"。

超大城市的生物多样性提升一直以来是我国生态修复面临的难题。位于粤港澳大湾区中央的海珠湿地，是广州在城市快速扩张中得到保护的珍贵生态空间。海珠湿地保护修复项目以"城央生命共同体"为设计理念，坚持"基于自然解决方案"修复四大生态系统服务功能，利用潮汐促进水体循环、水质改善，以生物视角恢复和营造动植物生境，低成本解决城市内涝、热岛效应和污染问题，提升生物多样性，与生物共享生存空间。该项目通过统筹生产、生态、生活空间布局，实现与周边社区的联动发展与共治共享。提升后的海珠湿地水质达到II级，植物种类增加541种，鱼类种类增加50种，鸟类种类增加108种，水鸟总量接近20000只，昆虫种类增加346种，城央再现鱼鸟成群的壮观景象。

图6-6　海珠湿地碧道建成效果图

二、实现超大城市的生物多样性提升

为突破保护发展困境，2019年，设计师提出"城央生命共同体"设计理念，制定"弹性生态水网""丰产的湿地系统""让生物回归市中心""无干扰的栖息地""完整的生态链""可持续社会支持"6项目标，通过"支持功能、生产功能、调节功能、文化功能"4类生态系统服务功能修复理论，细分为17项具体的在地化措施。

本次提升建设范围149公顷，选取海珠湖、海珠湿地二期、小洲生态保育区等海珠湿地生态价值最高的区域。构建了"垛基湿地百果林""增益水稻田""高潮位栖息地""鸟岛与隐蔽观鸟栈道""小微湿地和风雨长廊"等典型场景，重塑人与自然的关系，传承岭南传统文化遗产，联动周边社区共同发展，提供了城市与生境共享未来的新范式。

1. 还通道于鱼

项目利用传统工艺疏浚湿地水系统，重新连接 3 级水网，包括 1 条主要河涌、140 条支流和 1600 条果园潮道，创建了一个潮汐驱动的弹性水网络，修复了水污染，降低了洪水风险。蜿蜒的水系延长了水的净化过程，也为游人形成一道靓丽的风景线。

增益水稻田将传统稻田从经济功能转变为保护功能，把人走的"耕道"变成生物生存、隐蔽的"鱼道"，联通主要河网水系，以潮汐补给养分，形成动物生活和通行的生态廊道。

项目建成后，海珠湿地可收纳 50 万立方米的降雨，调节周边 10 平方千米内涝雨洪，并通过 3 种水净化措施将湿地水质从 IV 级提高至 II 级，鱼类种类增加 50 种，实现水安全、水治理和水生态的共同推进。

图 6-7　海珠湿地增益水稻田建成效果图

2. 还生境于鸟

海珠湿地位于国际水鸟迁徙廊道，围绕水鸟食、栖、安全、起降行为模式进行设计。

垛基果林湿地延续独有的"垛基果林"空间，补充种植54种本土果树品种，将单一果林变"四季百果林"，全年为各类生物提供食源。林下昆虫屋保持有益物种，维护授粉过程。果林"潮道"部分底泥来自鼎湖山、南岭国家森林公园等原生水体，构建本土水生动物基因库，完善昆虫、果实、鸟类、水生动物、底泥之间的生态循环。

为解决鸟类"筑巢"的需求，海珠湖中央的4个游人岛升级为鸟岛，通过加密筑巢林、拓展岛屿浅滩、布置枯木及增加浮排，为成千上万的鸟儿提供家园。

图6-8　海珠湿地碧道观鸟平台建成效果图

创新的高潮位栖息地让水鸟告别涨潮时无处觅食的烦恼，根据鸟的脚长确定水深，按照水鸟的翅长与起降距离确定水面宽度，量身定制5.3公顷的浅水"食堂"。由潮汐流从上游的果林湿地带来丰富的鱼、虾、蟹、螺及其他底栖生物，方便水鸟觅食。

提升后的海珠湿地植物种类增加541种，鸟类种类增加108种，水鸟总量接近20000只，昆虫种类增加346种，城央再现飞鸟成群的壮观景象。

图6-9　海珠湿地碧道鸟岛建成效果图

3. 还家园于城

海珠湿地从"城市公园"变"绿色家园"，打开原有"封闭式"公园入口，建设开敞的小微湿地，市民坐在入口边，即可观水草中的鸟儿捕食。售票建筑变为引人入胜的风雨连廊，跟着鸟类的脚印，遇见湿地沙盘、生境剖面、稻田漂浮栈道与生态监测屋。

缔造人鸟共同家园，隐蔽式探索栈道解决"人进鸟退"的困局。从岭南木窗花格获得灵感，设计根据视角控制实现隐蔽行踪却不遮挡景观的效果，市民可近距离观察鸟类栖息、繁育、补食的场景。

重新联系土地与居民，探索湿地与当地社区协同发展的新模式。项目聘请200名最有场地归属感的湿地原住村民作为生态专家带领市民参与水稻田插秧、秸秆收割与果林维护工作，即降低养护成本，更确立了村民对土地的地位和所有权。

8大专业构成的在地化科研团队，以海珠湿地为长期科研基地，为湿地修复提供全息生态监测技术、小微湿地底泥植物净化技术、仿生引鸟技术等22项技术支持，确保湿地功能的可持续提升。

为了让家园永续美好，项目实施以来，已开展90次包括观鸟教育、湿地植物认知、动物观察与认知、水稻果林种植维护等湿地自然教育课程，并形成关于湿地知识的教材走进广州市中小学课堂，从小埋下保护湿地的种子。

图6-10 海珠湿地碧道学生科普活动图片

三、广州城市生态会客厅

海珠湿地碧道坚持生态优先、系统治理。通过强化 10 大湿地功能、调整 10 类非湿地功能，建设垛基果林湿地，修复潮间带鸟类栖息地、鱼类栖息地、昆虫栖息地等 3 类自然生境，塑造四季体验、全天体验、水陆体验的 3 种碧道模式，湿地鸟类从 72 种增加到 177 种，昆虫种类从 66 种提升至 325 种，湿地碧道周边 pm2.5 比广州全市平均水平低 20% 左右。

提升后的海珠湿地成为大湾区城市可持续发展的新样板，广州城市生态会客厅，也是全国首个入选世界自然保护联盟（IUCN）会员单位的国家湿地公园，并且代表中国角逐迪拜国际可持续发展最佳范例奖，两度登上纽约时代广场的排行榜，展示出中国生态新形象。现在的海珠湿地鱼鸟成群，花果满枝，成为向世界展示中国生态文明建设的重要窗口。

图 6 - 11　海珠湿地碧道建成效果图片

第四节　碧道＋文化传承：黄埔区长洲岛碧道

一、云光珠水岛，长洲慢时光

　　长洲岛碧道位于广州市黄埔区长洲岛，其中包含深井社区、长洲社区及大吉沙，四周水道环绕，本底资源较好。拟建碧道建设总长约 16.4千米。本次长洲道碧道申请评估范围包括长洲岛深井社区、长洲社区及大吉沙，总评估长度 13.5 千米，其中深井社区碧道长约 7 千米，长洲社区碧道长约 2 千米，大吉沙碧道滨江段长约 4.5 千米。碧道规划定位为都市型基本标准碧道，实际按都市型较高标准进行建设。内容包括：道路工程（碧道、绿道）、景观节点建设、绿化升级、给排水工程、照明工程等。碧道线路根据《广东万里碧道试点建设指引》的设计标准，根据场地条件设置健身慢跑道、运动骑行道及亲水漫步道。

　　建设结合黄埔开发区总体规划，重点突出空间的营造，强化场所精神，尊重现有场地特征，注重把握区域文脉，运用好现有景观环境，以碧道景观为主要骨架，发掘与充分利用好周边沿线的景观资源面貌。以"云光珠水岛，长洲慢时光"为设计理念，汲取国内外优秀滨水慢型系统构造案例中的优点，将长洲碧道打造为以多彩丰富空间为线索的人文碧道、以生态绿色循环为亮点的生态碧道、以休闲宜人体验为基础的智慧碧道以及以长洲文化展示为特色的历史碧道。

二、推陈出新盘活红色"软实力"

　　1. 结合水闸廊桥建设碧道特色文化节点

　　新担涌水闸是目前我国第一座将廊桥和水闸结合，景观与防洪

（潮）、通航兼顾，凸显岭南特色的大型景观水闸。连接深井社区和长洲社区，坐落于岛上中部，随着水闸的开放，长洲岛又多了一个新的休闲打卡地。

这座桥已建成将近五年，但因其水闸功能，出于安全考虑实行关闭禁行。相关单位组织了多次实地调研后提出建议，在强化管理的基础上，廊桥可分时段开放，实行白天限时开放、夜晚关闭的管理制度。作为长洲岛慢行贯通系统的新担涌廊桥，串联起了长洲社区和深井社区。同时，廊桥的开放贯通了中山公园、长洲岛都市农业产业园和深井环岛碧道，修补了慢岛空间割裂的问题，对整个岛起到连接、粘合的功能。廊桥开放前，区相关职能部门对水闸廊桥栏杆进行重新评估和加固，在桥上增设安全警示牌、钢化玻璃围挡、监控摄像头、救生救火设备等公共安全设施。

新担涌廊桥的开放是长洲街道实实在在地响应民生建议，是政府真真正正为市民说话办事，开放后的长洲岛是岛民和游客休闲观光散步的好地方，也为长洲岛增加了一道靓丽的风景线。

图 6-12　新担涌廊桥鸟瞰图

图 6 −13   新担涌廊桥图片

2. 推陈出新盘活红色"软实力"

一座岛屿的吸引力、创造力、凝聚力，靠的是一方的文化综合实力。长洲岛被誉为"一岛历史典故，满目生态风情"，为充分发挥长洲岛生态优美、红色资源丰富的优势，长洲街道以"大党工委＋文化实力"为结合点，在继承传统的基础上推陈出新，整合红色资源，谋划融合式"红色游"，抢抓"教育重点"、打造"特色亮点"、彰显"长洲特点"，夯实基层红色堡垒。

图 6 −14   长洲岛碧道建成效果图

图6-15 长洲岛碧道文化驿站建成效果图

图6-16 长洲岛碧道新担涌风光

2021 年，长洲街道党工委高标准打造红色文化品牌，携手黄埔区农业、文化、旅游打造"家门口的红色学堂"，推出"红色记忆""奋斗足迹""信仰传承"3 条旅游精品线路。同时，充分挖掘和串联长洲岛历史文化故事、文旅元素等内容，制作多个旅游导赏视频，与观众在"云端"对话，让长洲岛走进更多年轻人的视野。

3. 碧道建设推动河涌沿线环境升级

碧道内将设有都市休闲景观带、滨江观景景观带、溪湖观景景观带、生态水杉景观带、生态田园景观带等组成部分。

深入推进"还绿于民、还景于民"，打造宜居人文环境。碧道，不仅是一条生态路，也是一条民生路。长洲街道以碧道建设为契机，坚持"治""建"并举，对辖内一号涌、四号涌、新担涌以及深井涌开展河道清淤疏浚，完善河道管护、绿化养护，形成荔枝涌、黄花涌、灯光涌、紫荆涌的"一涌一景"基本格局，实现绿水常青，让岛上居民共享生态红利。

碧道的步道部分，将按照 A2 类马拉松比赛的赛道要求兴建。这一建设标准，可让碧道日后具备举办马拉松比赛的条件，让广州黄埔马拉松可以在江心岛屿的碧道上进行，还可以引进半程马拉松、摇滚马拉松、彩色跑等跑步赛事。

4. 串珠成链打造文化活力环

长洲岛碧道可达性高，步行 500 米以内能安全顺畅到达区域内公交车站及渡河码头。周围人文景点众多，有中山公园、辛亥革命纪念馆、长洲炮台、黄埔军校旧址等。同时，设计亲水平台等休憩设施，实现漫步道、跑道全线贯通，将长洲岛的历史、自然、游息活动景观带等元素串联起来。长洲岛碧道建设成为人与自然和谐共生共享的滨水生态空间，以碧道建设为契机，将健身慢跑道与周边本土景点进行有机串联。沿线因地制宜设置休闲主题节点，较大节点包括深井时光（口袋公园）、沥海渔歌、鹭鸣小栈、唤渡平台、安来小栈、新担小栈、水岸阳台等。

图6-17　长洲岛碧道建成效果图

图6-18　深井时光（口袋公园）建成效果图

第五节 碧道 + 全民运动：海珠区阅江路碧道

一、清波摇碧影，城央缤 FUN PARK

阅江路碧道位于广州市海珠区阅江路北侧滨江景观带，阅江路碧道属都市型碧道，西起华南大桥、东至琶洲北涌，全长 2.6 千米。阅江路碧道还是一条产城融合的创新碧道。阅江路碧道以产城融合为目标、数字经济为依托，持续为琶洲地区的生产、生活注入生态活力、创新活力，产生强大的"碧道经济效应"。项目以"阅江汇客·都市生活"为建设理念，水道、漫步道、慢跑道、骑行道、有轨电车道等"五道"无障碍贯通，打造儿童活动、滑板等专属活力空间，满足群众水岸游憩的需求。

2021 年 7 月，阅江路碧道示范段二期建成，标志着海珠区阅江路碧道全线建成开放。

二、构建城央风景游憩带

1. 集"五道"于一体实现滨江贯通

阅江路碧道基本保留了原有临江公园的步道，使其成为碧道系统中的漫步道。原临江公园内成熟的绿化带和绿道系统，经过重铺，出现了慢跑道和骑行道。由于该段江边有有轨电车行驶，有轨电车道在本次碧道改造中也被保留。叠加原本天然存在的珠江水道，该段碧道集"水道、漫步道、慢跑道、骑行道、有轨电车道"于一体，市民和游客可通过搭乘珠江渡轮、步行、缓跑、骑自行车、搭乘有轨电车等途径，游览阅江路碧道。也因集"五道"于一体，阅江路碧道成为广州现有功能最齐全的碧道。同时，在慢行系统沿线的林荫停留空间增加充足的休闲座凳休憩设施。

图 6-19　阅江路碧道"五道"建成效果图

2. 打造"全年龄共享活力带"

场地内长势良好的大乔木生机盎然，两处榕树林更是成为儿童活动场地的上盖遮蔽物。树影婆娑下，东、西儿童公园分别以活力橙和珠水蓝作为"FUN"基调，采用趣味、简洁、流畅的动感铺装线条，成为首个珠江沿岸全开放的儿童活动场地。

围绕榕树林布置的进阶型、体验型和挑战型活动设施，可满足 3~12 岁儿童感知、锻炼和探索的活动需求，释放童趣天性。场地周边树荫下，有舒适的座凳可供溜娃家长休息。

后退的防洪墙变作林荫台地草阶；原有台阶改造为无障碍缓坡；利用高差打造两侧观景平台和文化景墙；原有下沉广场厚重的石材栏杆改造为视线通透的轻质金属栏杆，大大提升场地的亲水性，共同营造一个有温度、有活力的公共社交场所。

琶洲大桥桥底灰空间，被"盘活"为充满动感活力的滑板练习场地。

设计时充分利用桥底的高差来创造多样地形，并配置不同挑战难度的训练设施，打造出广州首个滨江滑板公园。

图6-20　阅江路碧道儿童活动场地建成效果图

图6-21　阅江路碧道青少年活动场地建成效果图

图 6-22　阅江路碧道滑板空间建成效果图

图 6-23　阅江路碧道桥下空间改造效果图

图 6-24　阅江路碧道儿童活动场地色设施建成效果图

3. 既是"空中绿毯"也是"海绵带"

原国际会展中心跨路桥提升为"空中绿毯",原有硬质广场改造为波浪起伏的草坪,形成一片向滨水空间延伸的"海绵带"。草坪两侧汀步的建造,把原有场地改造产生的废弃铺装材料重新回收使用,这是基于低碳环保、保留场地记忆的双重考虑的选择。

海绵城市"渗、滞、蓄、净、用、排"是碧道建设引领性理念。通过改造地形,营造一系列雨水花园,全新的排水系统代替了传统的排水沟,打造出独特的碧道海绵系统。

所有的雨水先收集于隐藏式草沟,连通至附近的雨水花园存蓄下渗,雨水花园种植鸢尾、黄鸟蕉、花叶芦竹等湿生植物,代替过去按季度更换时花的做法,最大化地节约市政维护成本。

图 6 -25　阅江路碧道海绵绿地建成效果图

4. 建设传递文化与关怀的文化设施与城市驿站

阅江路碧道不仅改变了周边居民亲近滨水区的方式,更为游客和市民领略广州的珠水文化和海丝文化提供了全新的窗口,成为彰显广州长久的繁荣与兴盛的文化景观带。

阅江路碧道以珠江治理水文化为依托,以海丝文化为主线,以岭南文化为背景,以会展文化为特色,保护好利用好沿线自然文化景观,展示广州千载商埠的深厚人文底蕴。"天涯未觉远，处处各樵渔"，苏轼游历海珠岛时描绘了当年珠江渔民捕鱼的繁忙景象。张之洞在现今的天字码头段修建珠江堤岸并上奏整治海珠涌。示范段以珠江治水文化和海丝文化为依托，把抽象处理的文化元素以镂空的形式展现在60米长的耐候钢景墙上，成为标志性景观之一。景墙上的"珠水源""珠水治""珠水情"三个篇章，分别讲述珠江水系、珠江治理历史以及珠江文化生活等内容。受到保护和利用的沿线自然文化景观，展示出广州千载商埠的深厚文化底蕴和城市经典魅力。碧道空间的铜板雕刻景观展示出相邻琶洲会展中心的会展文化，其上雕刻以广交会"创办、成长、崛起、腾飞"四大发展历程为轴，介绍了广交会百届会展历史，生动展示了广州改革开放成果。

阅江路碧道示范段以800米的服务半径设置一处新时代便民服务驿站，可自动化控制开合的建筑空间能为市民提供图书借阅、健康检测、自动售卖、母婴室、洗手间和VR体验等15项综合便民服务功能，旨在打造真正契合群众需求的地标式驿站。

图6-26 阅江路碧道红色驿站建成效果图

阅江路碧道示范段设计了一套完整清晰的环境视觉识别系统，包含导向标识、节点标牌、万里碧道、科普标识、宣传标识、安全警示和慢行地面标识。现代简约的外观充分融入场地的色彩，合理布局让其符合场地需求，便于初到访客熟悉碧道空间系统。

图6-27　阅江路碧道水文化景观墙建成效果图

5. 率先打造"有声碧道"，丰富市民体验

2021年底，广州碧道又有新操作——倾力打造"有声碧道"。本次率先上线"有声碧道"的是阅江路碧道，全长2.6千米的阅江路碧道可边走边听，乐趣多多。

何为"有声碧道"？就是运用互联网云技术，借助视、听媒介，融合视、听体验，支持公众在家、在办公室、在旅途、在现场……不限时空实时畅享碧道的高颜值，畅听碧道的内涵，感受广州碧道的独特魅力。

使用"有声碧道"，可以打开"广州水生态"公众号，找到"有声碧道"小程序或在碧道游览时扫码体验。小程序包括"语音播报""精彩碧道""热门景点"和"碧道资讯"四大功能。"语音播报"分为"全程播报"和"实时播报"功能,点击"全程播报",即可不受时空限制畅听碧道景点讲解;选择"实时播报"一键自动定位,系统将根据公众所处位置自动切换至对应景点的语音讲解。

图6-28 阅江路碧道有声碧道界面示意图

在"精彩碧道"板块,公众可以选择感兴趣的碧道,点击"热门景点"或特定碧道中的景点图片,阅读各个景点的介绍,还能聆听相应的语音讲解。通过融入地图信息,碧道导览地图可以帮助公众查看碧道的所有景点。游览前,公众可以结合兴趣、交通和行程利用地图制定游览攻略。

游览中，公众可以体验视听融合，实时寻找周边设施、灵活调整行程。每到一个景点，可以点击"打卡"。在首页点击头像进入"个人中心"后，还可查看每一个打卡记录，也可将打卡记录分享给亲友。

阅江路碧道的"有声碧道"，自西向东包括西儿童乐园、兴文化广场、新时代驿站、波浪草坪、会展中心码头、雨水花园、海丝红船广场、粤港澳客运码头、东儿童乐园、景观步行桥、滑板公园等特色景点都融入了"有声碧道"的导览，更加焕发阅江路碧道"碧道 + 文化传承""碧道 + 产业集群""碧道 + 海绵城市""碧道 + 海丝文化"和"碧道 + 居民生活"的风采。

三、挖掘碧道生态活力，推动产城融合发展

"珠水烟波接海长，春潮微带落霞光"，流淌了千百年的潮涌珠江，也孕育了广州城的千年繁华。如今江畔"蜕变升级"后的阅江路，让人们得以尽赏诗中的旖旎风光，其多元的活力空间也吸引了不同的人群前来，人们在这里骑行畅游、开心玩耍或者惬意休憩。

图 6-29 阅江路碧道建成效果图

阅江路碧道以产城融合为目标、数字经济为依托，持续为琶洲地区的生产、生活注入生态活力、创新活力，产生强大的"碧道经济效应"。

项目以"阅江汇客·都市生活"为建设理念，水道、漫步道、慢跑道、骑行道、有轨电车道等"五道"无障碍贯通，打造儿童活动、滑板等专属活力空间，满足群众水岸游憩的需求。沿线汇聚了以广交会为代表的高端会展区、以琶醍为代表的休闲娱乐区、以香格里拉酒店为代表的高端酒店区，以腾讯、阿里巴巴、小米等互联网总部为代表的企业区，广州互联网法院、人工智能与数字经济广东省实验室等项目纷纷选择在此安家。

第六节　碧道＋乡村振兴：从化区鸭洞河碧道

一、鸭洞河山水资源极佳

鸭洞河位于从化，河长约 15.49 千米，流域面积 60.1 平方千米，是一条山区性河流，这条山区河流发源于广州第一高峰天堂顶，流经良平村、塘尾村和良明村等数座明代古村，之后一路随山势走低，于松院口汇入流溪河之中。

图 6-30　鸭洞河鸟瞰风光

鸭洞河河床比降较大，平均坡降达到 8‰ 左右，最陡处达 12‰ 以上，这也造成雨水季节洪峰流量比较大，洪水过程线呈"瘦高型"，再加上这条河的下游是流溪河，流溪河的堤防是 50 年一遇的防洪标准，如果流溪河发生洪水，很容易把水顶托到鸭洞河里。加上鸭洞河一直没有进行系统治理导致鸭洞河一到汛期容易发生洪水漫滩，鸭洞河两边的很多土地未被开发利用和保护。拥有极佳山水资源禀赋的鸭洞河，因城市化大潮造成不可避免的水土流失，逐步出现了水质污染、生态失衡等问题。

二、以碧道为纽带统筹环境综合系统治理

鸭洞河综合治理河长 10.638 千米，两岸的碧道长度达到 15 千米，鸭洞河采取五位一体的系统治理，为游人提供健身休闲、观光体验、亲水游憩的公共空间，让周边居民找回美好的"河居生活"。

（1）保障水安全。首先对堤岸进行加固并对河床进行清疏，清理了大概 6 万方土，能用的粘土用来筑堤。堤坝筑高了 1 米左右，让鸭洞河重点河段两岸达到了 20 年一遇的防洪标准，同时保证鸭洞河遭遇流溪河 50 年一遇的洪水时不漫顶，水不会漫到外面。同时设计 7 个水陂和 5 个滚水

图 6-31　鸭洞河滚水堰设计

堰，通过一级级的滚水堰分段降低河道河床比降，保障河道生态流量和提升河道景观，遇到洪水，水可以翻过滚水堰，不会影响泄洪。保护人民的生命财产安全，解决洪水安全隐患。

（2）优化水生态。通过在河道内做滚水堰把水蓄起来，在两边做草皮护坡，在河底做"生态格宾石笼"，河道的流速比较快时防止水流淘刷堤坝；石块之间有间隙，给鱼类、水草类留产卵和生长的空间。再往上，是草皮护坡，这能起到生态涵养的作用。通过采用生态护岸，可以加强自然渗透，涵养地下水。同时从化区用了近 8 年时间建了 1258 个农村污水集中处理点，全部污水都进入农污集中处理设施，达标排放之后再进入自然水体，因此河道的水质自然而然就有了保障。

图 6 −32 鸭洞河生态护岸设计

（3）美化水环境。积极美化沿岸水环境，打造亲水空间。在鸭洞河两岸因地制宜地建造了亲水平台和亲水碧道，河道两岸的碧道，将河流展现出来。以前这里水质不佳，遇到洪水更是没人愿意进来，有了这些游人栖息的设施后，再加上自行车等健身设施，大家非常喜欢这里的美景。

图6-33 鸭洞河滨水景观设计

（4）挖掘水文化。鸭洞河的水文化底蕴深厚，明代时期当地村民喜欢在这里养鸭子，有了赶鸭人的文化。附近有罗村、影村、溪头村等古村落，还有荔枝林、梯田，这条河流融合了山水林田湖草等要素。通过河道、碧道将藏在深山里的古村连通起来。同时深挖鸭洞河古村文化、生态设计文化等，赋予河流当地人文内涵，延续历史文脉，推动历史文化古迹和旅游资源联动开发，正是"以水引流，以水铸魂"。

图6-34 鸭洞河赶鸭人文化流传至今

（5）循环水经济。创新政企合作模式，构建共建共赢格局。由政府主导实施鸭洞河治理工程，首期投入 2000 万元开展河道疏浚、堤岸建设和新建跌水堰，彻底解决行洪不畅、功能萎缩等基础性问题。由生态设计小镇运营企业实施河道景观微改造工程，结合一河两岸生态设计产业发展布局，投入 2500 万元"嵌入式"建设亲水驳岸、湿地栈桥、文化长廊等景观节点，打造河畅、水清、堤固、岸绿、景美的小镇"迎客厅"。政企合作共建，碧道建设与周边企业发展相得益彰，形成共赢局面。

三、筑巢引凤助力乡村振兴

"万山不许一溪奔，拦得溪声日夜喧。到得前头山脚尽，堂堂溪水出前村。"整治后的鸭洞河，春来别有一番水乡田园风光。12 道滚水堰，将这条从山上流下的河水分割成一块块"明镜"，"明镜"里倒映着沿岸数不尽的花花草草。桥下还有 3 头石塑的水牛驻足溪水之中，颇有一番朴拙敦厚之气。坚持以生态修复为主，守稳筑牢绿色生态屏障。鸭洞河碧道建设以生态修复为主，维持河流天然形态，实施生态护岸，维持河流系统生物多样性和稳定性。以河流为脉络，建设亲水平台、人文景观、休闲步道等工程，并设休憩坐凳等设施，打造亲水游嬉网络。

创造人水和谐环境，筑巢引凤助力乡村振兴。在鸭洞河下游，坐落着从化区良口镇生态设计小镇，这里是世界生态设计大会的永久会址所在地。小镇是在中国－瑞士低碳城市合作项目背景下建设的新型产业园区，包括高端休闲酒店、国际会议中心、设计师工作坊、广东省工业设计研究院、大湾区设计开放大学、从化良口直升机机场等。鸭洞河在小镇穿城而过，碧道建设统筹上下游、左右岸，实行集中连片规划建设和水域岸线并治，生态环境得到系统提升，带动更多企业参与投资建设。打造休闲度假旅游新地标，把生态效益更好地转化为经济效益、社会效益。目前，小镇已进驻生态设计企业 84 家，建成全国首个生态设计产业集群，预计年产值 50 亿元，年税收 2.5 亿元。

图 6 –35　生态设计小镇鸟瞰风光

　　充分整合各方资源，变"重建轻管"为"建管并重"。碧道建设融入生态设计小镇发展理念，促进农村人居环境改善，有效调动各方参与河道管护积极性。建立政企村三方联防联治机制，政、企、村三方共建、共治、共享。划设 21 个治水网格，实行区镇村三级河长、企业河长、民间河长、网格员全部人格管理，形成合力推动河道巡查常态化管理。带动广大群众积极参与义务巡河、文明劝导、政策宣传等志愿者服务活动，推动形成政府主要投入前期的河道治理，企业参与河道管护，发挥村民自治的三级"政府主导、企业共建、村民参与"河道治理体系。碧道建设带动环境提升与周边企业发展，企业内生动力主动参与河道管护，发展生态经济产业，解决河道管护费用不足问题，减轻财政压力，共同解决河道管护问题。

　　坚持以人民为中心，变"人水对抗"为"人水共生"。通过鸭洞河碧道建设与从化生态设计小镇有机结合，盘活闲置"沉睡"资源，增加

图 6-36　打造高端休闲酒店示意图

村集体收入，盘活了附近 5 条村 600 多亩闲置集体留用地，为这几个村带来集体收入约 660 万元；盘活了闲置 7 年的扶贫综合农贸市场，在未增加任何建设用地的前提下，将废弃市场改造成为举办世界生态设计大会的高端会场；盘活了废弃 30 多年的旧葡萄糖厂和闲置多年的旧塘尾村小学。塘尾村每年增收 60 万元，村集体收入增加到 2018 年的 32.5 万元，2019 年，村集体收入达到 90 万元。提供就业岗位，提高村民收入。为附近村民提供了大量在家门口就业的机会。目前，塘尾村等村庄已有 100 多个村民在小镇就业，月收入约 3500 元。

　　2020 年，以鸭洞河碧道为样板助力从化成功入围国家水系连通及水美乡村建设试点县。"五一"假期期间，客流数量达到 10 万人次以上，实现了人民群众"望得见山，看得见水，记得住乡愁"的美好愿望。

图 6-37　鸭洞河假日亲子游火爆照片

图 6-38　为村民提供家门口就业机会照片

第七节　碧道＋城市更新：荔湾区聚龙湾碧道

一、聚龙湾老城区迎来新契机

聚龙湾片区位于白鹅潭，地处珠江后航道与西航道、前航道交汇处，水文、水深条件优良，三江汇聚，碧波浩渺，千百年前，白鹅潭就是古代海上丝绸之路起点的重要组成部分，堪称广州千年商都之根基。自17世纪起就吸引了众多商人在江畔开辟码头、修建仓库。新中国成立后，伴随着广州产业结构调整，这里又迅速孕育了工业文明。从花地仓、渣甸仓、日清仓等旧仓，到广柴、广船、广钢等旧厂，白鹅潭商务区拥有丰富的港口贸易和工业文明遗存。如今，白鹅潭是广州西部枢纽门户，

图 6-39　20 世纪 90 年代白鹅潭鸟瞰图

广佛地缘优势不可取代。经过多年规划与筹谋，白鹅潭商务区在"十四五"开局之年迸发活力，进入大开发、大建设的关键阶段。

聚龙湾片区是白鹅潭商务区的重要组成之一，位于广州市荔湾区大冲口，自古便是"钟灵毓秀"的商市繁荣之地。清末民初，渣甸仓、日清仓、亚细亚花地仓等粮油、五金仓库沿江设立，与黄金商贸地十三行隔江相望，仓库多由日本、英国、德国等国建设运营，至今完好保留了巴洛克、洛可可建筑风格。随着国际石油公司相继进驻广州，繁荣的火油生意保障了华南的石油供应，也为芳村的工业发展播下种子。新中国成立以来，冲口两岸，静波造船厂、协同和机器厂曾吸纳大量劳动力，形成毓灵桥两岸繁荣的工商业。云卷云舒，潮起潮落，当重工业荣光渐渐褪去时，白鹅潭商务区拉开了滨水区高质量发展的序幕。以聚龙湾为代表的"江、景、产、城"共融发展，将以全周期开发重塑珠江水岸风貌，打造宜居宜业宜游的世界级滨水活力区。

图 6-40 聚龙湾片区规划效果图

二、三大策略打造世界级滨水空间

聚龙湾沿江碧道总长度约 1.2 千米，目前已完成约 600 米示范段。充分发挥岸线长、空间大、禀赋好的珠江岸线优势，激活珠江沿岸发展活力，把美好宜人的空间留给市民，高质量塑造现代化世界级滨水区城市景观。

（1）老仓新厅，活化工业建筑。位于杏花大街最深处的冲口仓，毗邻珠江，靠近洲头咀隧道，与太谷仓隔江相望。建于 20 世纪 70 年代，是广州保留良好的、颇具历史的大型仓库区，传统风貌建筑，现状共四个货仓。项目通过对原有仓库的改造更新，尊重并保留原有红砖建筑的肌理及特质，采用玻璃屋顶的设计手法，将多个仓库融合为一个整体，其"三横一纵"的空间结构，木桁架屋顶、人字山墙均悉数保留，为新展厅营造出简约开放的现代工业风。展厅的钢结构玻璃幕墙，既扩充了使用空间，满足了城市展厅的现代需求；同时，也可减轻仓顶承压，同时起到对建筑物保温隔热作用，实现老建筑和新建筑的有机融合。展厅外部，

图 6-41　白鹅潭城市展厅（1）

旧仓库的红砖"废料"被巧妙利用，铺成质朴素雅的仓前广场，不仅起
到与景观融为一体的作用，也节省了约11%的耗材成本。珠江边旧仓库
变"城市展厅"，冲口仓升级成为白鹅潭城市展厅，集城市规划展陈区、
接待区、会议厅等多重功能于一体，使聚龙湾历史风貌得以完整表达，
成为珠江滨水新景观。

图6-42　白鹅潭城市展厅（2）

（2）还江于民，保护工业遗产。近年来闲置码头实现功能转换，重
返人的需求成为新发展理念的核心。聚龙湾沿江碧道践行"以人为本"
的滨江建设理念，将机动车道后移，以人的需求为出发点，将慢跑道、
慢步道、骑行道平行铺展，增加了珠江两岸的公共活动空间。以工业遗
迹为底色，充分利用场地原有环境，注重工业遗产保护的完整性。碧道
路面保留了工业时期的混凝土材质，码头吊机铁轨依旧从中穿过，人们
记忆中的时代成为城市的"标本"；现状防汛墙以环保型复合竹木改造吧
台，被赋予户外家具的新功能，从清代木刻作品——珠江江城风情图中
得到启发，从场地中的仓库、古树和珠江等主要元素中提炼出了"榕、
仓、水"的抽象图案，将其应用到整个防汛墙景观设计中，形成新珠江

江城风情图，实现了人与景、历史与现代有机统一的协同治理。未来，随着滨水活力区人气增加，老码头或将再度恢复航运，成为接驳游览者的公共码头。

图6-43　滨水空间注重工业遗产保护

（3）保护树木，种植乡土植物。聚龙湾注重保护古树名木，不但未迁移树木，而且碧道还种植许多适宜岭南气候的植被，包括朴树、狼尾草、秋枫、变叶木等。值此初夏季节，枝干茂盛新绿连片，沿江碧道的新树呈浅浅的豆绿色，给人以希望与活力的感觉，营造出具有广州四季特点的景观长廊。自碧道示范段建成以来，江岸泊船码头多见白鹭停留，为后航道增添了一抹灵动，彰显了广州中心城区的宜人环境。

图6-44　江岸泊船码头白鹭停留

三、以轴带面，构建全周期全要素发展平台

通过提升沿岸轴线空间品质，聚龙湾项目创新运用了全生命周期开发方式，实施分期有序开发，打造智慧韧性城市。项目不仅注重改善滨江空间的可达性，更善于以岸线提升辐射腹地片区网络化发展，形成无缝衔接的全域规划，为区域复兴、城市均衡发展作出更大贡献。绿色可持续发展理念贯穿全周期开发过程，以碧道、城市展厅建设为缩影，聚龙湾将有机更新、功能提升与现状保留相结合，聚力构筑文商旅创居融合的城市有机生命体，将文化、社会、生态效益看作与经济效益同等重要的可持续发展要素。

图 6-45　聚龙湾片区滨水空间效果图

项目以平台聚智慧，集结国内国际顶尖规划设计团队，以智慧管理引领全周期开发，从前瞻性研究、多主体参与、智能化协同，直至形成全流程闭环监管，多方合力共同打磨高端品质。项目向空间谋发展，逐步优化空间布局、打造韧性设施、完善建筑设计、改善道路交通、美化生态环境，以全要素管控激发多重效应，全面展现广州宜居宜业宜游的都市魅力。聚龙湾是广州市江岸协同治理的典范之作，反映了珠江水岸发展理念的迭代。通过创新全周期管理理念，以高端设计为引领，全面整合片区"仓、厂、村、江、涌、城"六大要素，有序激活功能复合的城区环境，打造国际化大都市世界级滨水活力空间。未来，这里将以滨水碧道为载体，搭建滨江开放式国际化交流舞台，彰显珠江文化魅力和广州开放包容的城市精神。

第八节 碧道 + 水上运动：南沙区蕉门河碧道

一、蕉门河环境提升初见成果

蕉门河与凤凰湖相连，位于黄阁镇和南沙街区域的中心，南接蕉门水道，北临小虎沥水道，全长6260米。自2003年起，南沙区政府对蕉门河进行多番改造，积极推进蕉门河生态化、景观化和人文化建设，清拆

图6-46 蕉门河鸟瞰

了两岸的烂船、窝棚和违章搭建，把蕉门河建设成一项保护环境的"生态工程"、传承历史的"文脉工程"、造福于民的"民心工程"、提升城市品位的"竞争力工程"。

二、"5＋1"模式打造省级试点碧道

近年来，广州市南沙区将城市开发与水岸空间生态化提升相结合，打造蕉门河中心区段一河两岸滨水碧道。同时，基于碧道建设，对滨水绿带景观进行升级改造。围绕水资源、水安全、水环境、水生态、景观与游憩系统、滨水经济带等"5＋1"重点内容开展建设，将原有建设工程与城市景观结合起来，除了连接河道、修建堤岸，还将堤岸工程设计和湖岸绿化相结合，构成蕉门河"城市客厅"。

图6-47　蕉门河"城市客厅"

（1）切实保障水资源。蕉门河的两个出海口分别建设了蕉西水闸、蕉东闸桥、蕉西泵站和蕉东泵站等一系列水利工程。这些水利工程均有防范外江洪潮灾害、排除内部积涝、调蓄河涌水位的作用。一般情况下，

外江落潮的时候，将打开蕉西水闸让蕉门河的水流出；到涨潮的时候，蕉门水道的水流入蕉门河，待蕉门河水位涨到 -0.2 米（珠基高程）时关闸，将蕉门河保持在 -0.2 米（珠基高程）左右的水位。根据南沙区的潮汐规律如此重复操作，既能保持蕉门河的生态水位，又能不定期更换河涌水。在保证城市水利安全的前提下做到了水位自由调节，水资源也得到保障。

（2）着力提升水安全。蕉门河位于黄阁镇与南沙街区域的中心，属于内河涌，南接临蕉门水道侧防洪（潮）堤，北接临小虎沥侧防洪（潮）堤，连接处分别由蕉西水闸和蕉东水闸两座挡潮闸控制（外江堤防基本达到200年一遇防洪（潮）标准）。根据《广州市南沙新区水系总体规划及骨干河湖管理控制线规划》，蕉门河排涝标准为50年一遇，按照规划要求，蕉门河现状宽为"56～111"米，局部宽近150米，已满足排涝需要，且河道两岸无明显的防洪排涝安全问题。

（3）稳定改善水环境。目前蕉门河水质为Ⅳ类，满足碧道建设Ⅳ类水质目标要求。南沙区对连接蕉门河的金洲涌、私言涌、金沙涌、沙螺湾涌、中围涌、蕉门村涌、十顷涌、乌洲涌8条内河涌开展河涌整治工

图6-48　采用自然生态堤岸

作，同时加快推进城市污水和农村生活污水治理，积极利用生物技术等多种手段提高河涌水体自净能力，加大水体交换率，从而实现蕉门河水污染治理从量到质的转变。结合海绵城市建设，通过建设植草沟、调蓄湿塘、生态驳岸、生态排水沟，营造生态雨水花园，保留水系肌理，沟通水系、活化水脉、滞蓄雨水，形成完整生态排水网络系统。

（4）持续修复水生态。多年来，黄阁镇镇政府、南沙街街道办事处、区政府拆迁办和区水务、城管部门花大力气对蕉门河两岸的烂船、窝棚、违章搭建进行清拆，为堤岸建设创造了条件。蕉门河堤岸建设摒弃过去常用的硬质化的石砌筑或钢筋混凝土堤岸，采用了自然缓坡的生态堤岸，防止了过分的人工化痕迹，达到"虽自人工、宛若天开"的生态环境效果。蕉门河碧道试点建设项目通过适当换植、新增水生植物种植，以自然共生的形式打造现代且具有本地植物特色的驳岸生态景观效果。蕉门河生态缓冲带宽度大于 30 米，河（湖）岸线形态自然优美、岸坡形式因地制宜、因势利导、生态功能体现良好。

（5）景观与游憩系统构建日趋完善。为保护一河两岸整治建设成果，南沙区对进港大道以西至蕉西水闸的蕉门河两岸局部景观进行升级改造，拆除蕉西旧水闸，改造杂乱的生物植被，完善观景亭台和游艇码头，完善垃圾收集设施、休憩坐凳、驿站/商业售卖、夜景照明设施、亲水平台相关配套休闲设施等，形成完整的景观带，成为广大市民日常休闲的好去处。碧道标识牌建设已与省级碧道衔接，同时增加具有南沙特色的碧道标识。漫步道、慢跑道、骑行道（三道）全线贯通，且空间布设合理，与周边交通接驳点（公共交通站点、的士站及公共停车场）可达性高。

（6）共建生态活力滨水经济带。滨水碧道的建设加强了所在地区的商业价值，主要体现为旅游价值方面的提升。一方面对市政设施做出完善的整改，另一方面提供了旅游集散地和购物休息场所，令更多的市民和游客愿意到此地旅游并购物，将对地方经济发展产生积极影响。此外，滨水碧道项目的投资、建设和运营会为当地带来适量的就业岗位。从长

图 6 -49 完善的景观游憩系统效果图

远来看，无论是新景观的建设，还是附近的征地拆迁，都会提升整个城市的形象，吸引外来投资，促进城市经济的发展，进一步拓宽社会就业渠道，有利于增加所在地区居民的就业机会。

工程实施后，彻底改变了原河道沿线脏、乱、差的现象，通过综合治理，水质明显改善，对改善水环境意义极大；河边修建相应的休闲区，有商业汇聚的南沙万达广场、喜来登酒店，创意与美食并存的创享湾，还有科技感满满的南沙新图书馆，为市民休闲娱乐提供了好去处。蕉门河已被打造成省级试点碧道，并入选水利部"美丽河湖、幸福河湖"之列。

三、碧道助力水上运动悄然兴起

蕉门河碧道的成功打造，让蕉门河真正实现了水清、河畅、岸美。一座座充满朝气、富有现代气息的桥梁将两边绿地与绿道相连，让6260

米的一河两岸，形成十里碧道的画廊。南沙区甚至将蕉门河称为南沙区的"城市客厅"。

图 6 -50　皮划艇成为南沙必玩选项

整个蕉门河的水质和两岸的环境通过碧道的建设有一个很大的提升，对水上运动也有很大的促进作用。南沙蕉门河皮划艇基地于 2011 年启用，是广东省第一家对公众开放的水上休闲运动基地。以体育、科技、生态旅游休闲度假、引领全民健身新潮流为经营主导理念，大力推动南沙的群众体育和竞技体育同步发展，把南沙打造为滨海水上休闲旅游的目的地，使人们亲切体验到"水上运动"的乐趣。

随着"双减"政策落地，学生们拥有了更多参与体育运动的时间，南沙区不少学校在俱乐部预订培训课程，每周一至周五放学后都会有一群中小学生来到基地训练。在南沙区皮划艇竞技队有这样一群热爱水上运动的孩子，他们自 2019 年开始就代表南沙区参加广州市青少年锦标赛、广州市青少年运动会，拿过不少奖项，还在 2020 年广州市锦标赛中夺冠。目前俱乐部除了对青少年进行水上运动项目培训，还提供水上运动的游乐项目。划船、赛艇、桨板等项目正在悄然兴起，截至目前，已有超过 150 万人次前来游玩体验，近三年，皮划艇更是成为游客前来南沙的必玩选项。

图 6-51　皮划艇竞技培训

图 6-52　龙舟运动体验与培训

一些单位和团队也会组织到基地来体验龙舟、训练和比赛，在这里龙舟不再是端午节的活动，也不再仅仅是人们调侃的"广州房东"运动。在任何时候，任何人都可以在这里爽一把，出一身汗。人们不仅可以沿碧道而行，还能击桨于碧道之上。

第九节　碧道 + 幸福河湖：黄埔区南岗河碧道

一、南岗河是岭南水系的缩影

南岗河地处黄埔东部，背山穿城面海，自然禀赋优异。南岗河是东江北干流的一级支流，全长 24.12 千米，源起山区、穿越城区、汇入珠江，是岭南穿城河流的典型代表。

图 6 - 53　南岗河水清岸绿

　　南岗河河流上游为生态居住区，源头水库生态环境良好，是流域的生态水缸；中下游地处湾区腹地、中心城区，为科技创新产业区；下游汇入东江，毗邻滨江经济带。目前，南岗河流域与金坑河流域通过连接渠已实现互联互通，与文涌流域、乌涌流域连通工作正在推进，四个流域总面积269.06平方千米，形成"三纵一横"的水系网格，依托流域内43条河涌水系、9宗水库、19座水闸等水利设施，筑牢防洪排涝挡潮的安全屏障，为百姓提供安居乐业的家园。

　　南岗河作为岭南水系缩影，文化底蕴深厚。南岗河流域千年历史厚植了丰富的文化底蕴，源于宋朝的"萝岗香雪"文化绵延至今，成为岭南人民精神文化生活的印记，入选广东省非物质文化遗产。河口毗邻扶胥古运河，见证了千年海丝文化的开启；南岗河畔每逢端午都会出现"群龙竞渡，激浪高歌"的景象，传承六七百年的龙舟文化成为河畔居民维系情感的纽带。

　　自2016年全面推行河长制以来，广州市以流域为体系、以网格为单元，通过控源截污、自然修复、海绵建设等手段，实行系统治水，探索出一条具有岭南特色的超大城市治水之路。

二、碧道功能彰显，以水兴城产城融合

　　以碧道建设为引领，黄埔区统筹"陆地—河岸—水中"构建生态空间廊道，建设绿色生态驳岸，打造滨水湿地，建立多元慢行系统，提升滨水空间人文、生态、功能品质。南岗河流域建成碧道21.6千米，达到"水清、岸绿、景美"的目标，20多千米的生态驳岸及两岸生态空间成为南岗河的一大特色，深受群众的欢迎。

　　南岗河治水模式典型，具有示范引领作用。近年来，黄埔区按照综合治理、系统治理的理念，秉承广州市低成本、可持续的低碳生态治水之路，对南岗河全流域进行治理。坚持治水先"治人"的思路，推行"四洗"清源行动、铁腕拆除违建等岸上污染源，"建厂子、埋管子、进

图 6 -54　建设生态滨水空间

院子"，开展排水单元达标和雨污分流整治，利用"绣花"功夫深入开展源头治理。

创新提出生态修复"三板斧"——降水位、少清淤、不搞人工化的思路，在实践中成功维持低水位运行的低碳治理模式，实现河湖长治久清和生态复苏，2021 年南岗河水质达到Ⅲ类，恢复了"水清岸绿，鱼翔浅底"的景象。坚持开门治水、全民参与。志愿服务队"河小青"遍布各个河道，形成全民自觉护河的良好氛围。

依托优质的水资源和健康宜居的水环境，南岗河沿岸吸引了众多高科技人才，孵化了上千家科技企业，流域内 1300 多家大中型企业和黄埔实验室等 8 个国家级创新产业园入驻，成为广州东部最具活力的科技创新带。城市蓬勃发展、产业转型升级、人民安居乐业，是水生态环境治理成效的最好印证，也是以水为纽带，促进水、产、城融合发展的真实写照。黄埔区遵循广州市治水理念，将构建绿色生态水系网络与打造高水平国家级创新城区紧密结合。

三、七大策略全面推进南岗河幸福河湖建设

南岗河是广州治水的缩影，也是黄埔区水环境治理的名片，自然禀赋优异，治水理念先进、治理成效显著，具有打造幸福河湖的基础和优势条件。幸福河湖建设的总体目标是按照"全域系统治理"思路，"以人为本，人水和谐"的核心理念，围绕保安全、重畅通、复生态、提景观、传文脉、促更新等策略，将南岗河打造成具有安澜通道、生态廊道、休闲漫道、文化长廊、活力滨水经济带等综合功能的高品质滨水空间。其主要任务是紧紧围绕"水安全、水资源、水环境、水生态、水产业、水文化、水管护"七个要素，辐射带动水产业，致富百姓，让百姓充满获得感、幸福感、安全感。

图 6 –55　绿色生态驳岸

（1）水安全：黄埔区编制完成全区防洪排涝规划，建设"数字孪生南岗河"、依托"黄埔区实时洪涝风险图"，重点打造流域均衡防洪排涝

的智慧调度系统，实现自动监测、综合管理和预测预警，增强中下游应对极端暴雨洪水的协同防御能力。

（2）水资源：构建南岗河流域互联互通水系格局，编制连通方案，推进南岗河、金坑河、文涌、乌冲四个流域互联互通，提升洪涝防御和水资源保障韧性。编制《黄埔区非常规水资源利用规划》，挖掘再生水作为工业用水潜力，推进非常规水资源的利用。

（3）水环境：以南岗河整体环境提升为目标，持续改善人居环境、营商环境。稳定南岗河Ⅲ类水标准，支涌水质稳步提升，实现秀水长清。紧密结合碧道建设，开展科学城水环境综合提升等项目，对南岗河、乌涌等主干河涌开展河流多样生境营造、慢行系统贯通、配套驿站等措施，打造"产城、水城、生态"共融的滨水活动界面，新增建设生态廊道及滨水生态空间长度约34.1千米。

图6-56 开展科学城水环境综合提升

（4）水生态：编制《河流生态流量保障方案》，落实乌涌、文涌、南岗河、金坑河四大干流生态流量。通过岸带植被群落保育、河岸植物群落修复、生态驳岸保护等措施，营造多样生境，改善水体环境中生物生存与繁衍条件。在源头水库营造鸟类栖息地、觅食地及繁殖地，营造"水清、树绿、鸟语、花香、路幽"的库区生态景观。

（5）水文化：大力推动流域自然资源、河湖文化与旅游相结合。充分发掘、利用南岗河上游萝岗香雪、玉岩书院等旅游资源，助力区域旅游发展；依托南岗龙舟文化公园（二期）建设，传承水文化，带动水产业；构建南岗河智慧水系科普展馆，将幸福河湖建设成为传承地方民俗风情的载体、沿岸百姓精神文化的纽带，让人民生活水平、幸福指数同步提升。

（6）水管护：进一步推动河湖长制"有名有责""有能有效"，建立务实管用的河湖管护长效机制。完成南岗河、乌涌、文涌、金坑河4条干流河湖健康评价和"一河一策"实施方案编制；建设"数字孪生南岗河（智慧南岗河）"，为新阶段水利高质量发展提供有力支撑和强力驱动，为全国城市小流域数字孪生建设提供良好示范作用。

（7）水产业：以水反哺产业，以产业促进区域发展。在源头打响"黄埔红"红茶品牌，形成良好的生态农旅资源。中游联动500米范围内城市更新项目，激活两岸城市腹地，增加土地价值，吸引人才入驻，带动周边产业发展。

2022年5月，经过广东省水利厅组织竞争立项遴选，水利部审查通过，南岗河从广东众多河湖当中脱颖而出，作为广东省唯一项目，列入水利部首批开展幸福河湖建设项目。接下来南岗河将开启为期一年的幸福河湖建设新征程。

图 6 -57 古老的河流焕发出新的活力

参考文献

[1]王世福,刘联璧.从廊道到全域——绿色城市设计引领下的城乡蓝绿空间网络构建[J].风景园林,2021,28(08):45-50.

[2]刘海龙,杨冬冬.美国《野生与风景河流法》及其保护体系研究[J].中国园林,2014,30(05):64-68.

[3]陈婉.城市河道生态修复初探[D].北京林业大学,2008.

[4]王文君,黄道明.国内外河流生态修复研究进展[J].水生态学杂志,2012,33(04):142-146.

[5]吴保生,陈红刚,马吉明.美国基西米河生态修复工程的经验[J].水利学报.2005(04):473-477.

[6]杨海军,李永祥.河流生态修复的理论与技术[M].长春:吉林科学出版社,2005.

[7]朱伟,杨平,龚淼.日本"多自然河川"治理及其对我国河道整治的启示[J].水资源保护,2015,31(01):22-29.

[8]刘恒,涂敏.对国外河流健康问题的初步认识[J].中国水利,2005(04):19-22.

[9]林俊强,陈凯麒,曹晓红.河流生态修复的顶层设计思考[J].水利学报,2018,49(04):483-491.

[10]Waterfront Seattle[EB/OL].[2022-07-15].https://waterfrontseattle.org/.

[11]Brooklyn Bridge Park[EB/OL].https://www.brooklynbridgepark.org/.

[12]霍韦婧,林思雨,邱志鑫.基于公园城市理念下的滨水基础设施构建初探——以布鲁克林大桥公园为例[J].城市建设理论研究(电子版),2019(01):10-11.

[13]Lethlean T C.Elizabeth Quay[EB/OL].https://www.tcl.net.au/projects/elizabeth-quay.

［14］Lethlean Taylor Cullity.伊丽莎白码头,佩斯.［EB/OL］.［2022 - 08 - 01］. https://www. gooood. cn/elizabeth-quay-by-tcl-arm-architecture. htm.

［15］设计动态［J］.城市建筑,2018(06):126 - 127.

［16］德国雷瓦德景观建筑事务所.［2022 - 07 - 15］. https://rehwaldt. de/projekt. php? proj = NKE.

［17］克雷默大桥滨水空间.［EB/OL］.［2022 - 07 - 15］. https://www. gooood. cn/waterfront-space-surrounding-kraemer-bridge-rehwaldt-landscape-architects. htm.

［18］北京正和恒基滨水生态环境治理股份有限公司.环洱海湖滨缓冲带生态修复示范段设计［EB/OL］.［2022 - 07 - 20］. https://zeho. com. cn/case_detail/16. html.

［19］北京正和恒基滨水生态环境治理股份有限公司.环洱海湖滨缓冲带生态修复示范段设计［EB/OL］.［2022 - 07 - 20］. https://www. gooood. cn/ecological-restoration-design-of-erhai-lake-riparian-buffer-zone-demonstration-section-beijing-zeho-waterfront-ecological-environment-treatment. htm.

［20］东大深圳设计有限公司.东莞市"三江六岸"滨水岸线示范段(龙湾段)［EB/OL］.［2022 - 07 - 16］. http://www. dd-sz. cn/? post _ type = products&page_id = 16044.

［21］东大深圳设计有限公司.东莞市"三江六岸"滨水岸线示范段项目一期工程(龙湾段)［EB/OL］.［2022 - 07 - 16］. https://www. gooood. cn/dongguan-three-rivers-and-six-banks-waterfront-demonstration-section-project-phase-i-project-longwan-section-by-dongda-shenzhen-design-co-ltd. htm.

［22］奥雅设计.东莞龙湾生态湿地公园［EB/OL］.［2022 - 07 - 16］. https://www. aoya-hk. com/index. php? m = content&c = index&a = show&catid = 18&id = 277.